## 本書の使い方

**POINT 1**　重要な用語や公式を簡潔にまとめています。

**例 1**　各項目の代表的な問題です。解答の考え方や要点をよく理解してください。

**1A　1B**　例の解き方を確認しながら取り組んでください。
同じタイプの問題を左右２段に配置しています。
■一度になるべく多くの問題に取り組みたい場合は，A・B を同時に解きましょう。
■二度目の反復練習を行いたい場合は，はじめにAだけを解き，その後Bに取り組んでください。

▼

**ROUND 2**　教科書の応用例題レベルの反復演習まで進む場合に取り組んでください。

▼

**演習問題**　各章の最後にある難易度の高い問題です。教科書の思考力 PLUS・章末問題レベルの応用力を身に付けたい場合に取り組んでください。例題で解法を確認してから問題を解いてみましょう。



## 目次


### 1章　数列
**1節　数列とその和**
**1**　数列と一般項 ····· 2
**2**　等差数列 ····· 3
**3**　等差数列の和 ····· 6
**4**　等比数列 ····· 8
**5**　等比数列の和 ····· 10
**2節　いろいろな数列**
**6**　数列の和と Σ 記号 ····· 12
**7**　記号 Σ の性質 ····· 14
**8**　階差数列 ····· 17
**9**　数列の和と一般項 ····· 19
**10**　いろいろな数列の和 ····· 20
**11**　群に分けられた数列 ····· 22
**3節　漸化式と数学的帰納法**
**12**　漸化式 ····· 23
**13**　数学的帰納法 ····· 26
演習問題 ····· 30

### 2章　確率分布と統計的な推測
**1節　確率分布**
**14**　確率変数と確率分布 ····· 32
**15**　確率変数の期待値 ····· 34
**16**　$aX+b$ の期待値 ····· 36
**17**　確率変数の分散と標準偏差 ····· 37
**18**　確率変数の和と積 ····· 40
**2節　二項分布と正規分布**
**19**　二項分布 ····· 43
**20**　正規分布 ····· 46
**3節　統計的な推測**
**21**　母集団と標本 ····· 51
**22**　標本平均の分布 ····· 53
**23**　推定 ····· 55
**24**　仮説検定 ····· 57
演習問題 ····· 60

解答 ····· 62

# 1　数列と一般項

▶数 p.4〜5

**POINT 1**
**数列**

ある規則に従って並べられた数の列を**数列**という。
数列を構成する各数を**項**といい，最初の項を**初項**，$n$ 番目の項を**第 $n$ 項**という。
数列は　$a_1$，$a_2$，$a_3$，……，$a_n$，……　と表され，これを $\{a_n\}$ と表す。
数列 $\{a_n\}$ の第 $n$ 項 $a_n$ が $n$ の式で表されるとき，これを数列 $\{a_n\}$ の**一般項**という。

**例 1**　数列 $\{a_n\}$ の一般項が $a_n=2n+3$ で表されるとき，初項から第 4 項までを求めよ。

解答　初項は　$a_1=2\times1+3=5$
第 2 項は　$a_2=2\times2+3=7$
第 3 項は　$a_3=2\times3+3=9$
第 4 項は　$a_4=2\times4+3=11$

← $a_n=2n+3$ 同じ数

**1A**　数列 $\{a_n\}$ の一般項が $a_n=3n-2$ で表されるとき，初項から第 4 項までを求めよ。

**1B**　数列 $\{a_n\}$ の一般項が $a_n=n^2-2$ で表されるとき，初項から第 4 項までを求めよ。

**例 2**　5 の正の倍数を小さい方から順に並べた数列　5，10，15，20，……　の一般項 $a_n$ を $n$ の式で表せ。

解答　$a_1=5\times1$，$a_2=5\times2$，$a_3=5\times3$，$a_4=5\times4$，……　であるから　$a_n=5n$

**2A**　3 の正の倍数を小さい方から順に並べた数列　3，6，9，12，……　の一般項 $a_n$ を $n$ の式で表せ。

**2B**　自然数の 2 乗を小さい方から順に並べた数列　1，4，9，16，……　の一般項 $a_n$ を $n$ の式で表せ。

検印

# 2 等差数列

▶教 p.6〜9

**POINT 2**
**等差数列と一般項**

ある数 $a$ につぎつぎと一定の数 $d$ を加えて得られる数列を**等差数列**といい，$a$ を**初項**，$d$ を**公差**という。

$a,\ a+d,\ a+2d,\ a+3d,\ a+4d,\ \cdots$（各項の間 $+d$）

数列 $\{a_n\}$ が等差数列 $\Longleftrightarrow$ $a_{n+1}-a_n=d$ （一定）

初項 $a$，公差 $d$ の等差数列 $\{a_n\}$ の一般項は　$a_n=a+(n-1)d$

**例 3**　次の等差数列について，初項と公差を求めよ。

(1)　2，4，6，8，……

(2)　13，8，3，$-2$，……

解答　(1)　初項は 2，公差は 2

(2)　初項は 13，公差は $-5$

**3A**　次の等差数列について，初項と公差を求めよ。

(1)　1，5，9，13，……

(2)　$-12$，$-7$，$-2$，3，……

**3B**　次の等差数列について，初項と公差を求めよ。

(1)　8，5，2，$-1$，……

(2)　1，$-\frac{1}{3}$，$-\frac{5}{3}$，$-\frac{9}{3}$，……

**例 4**　初項 2，公差 7 の等差数列 $\{a_n\}$ の一般項を求めよ。また，第 10 項を求めよ。

解答　この等差数列 $\{a_n\}$ の一般項は

$a_n=2+(n-1)\times7=7n-5$

また，第 10 項は　$a_{10}=7\times10-5=65$

← $a_n=7n-5$ に $n=10$ を代入

**4A**　次の等差数列 $\{a_n\}$ の一般項を求めよ。また，第 10 項を求めよ。

(1)　初項 3，公差 2

(2)　初項 1，公差 $\frac{1}{2}$

**4B**　次の等差数列 $\{a_n\}$ の一般項を求めよ。また，第 10 項を求めよ。

(1)　初項 10，公差 $-3$

(2)　初項 $-2$，公差 $-\frac{1}{2}$

**例 5**　初項 3，公差 4 の等差数列 $\{a_n\}$ について，75 は第何項か。

解答　この等差数列 $\{a_n\}$ の一般項は

$$a_n = 3 + (n-1) \times 4 = 4n - 1$$

よって，第 $n$ 項が 75 であるとき

$$4n - 1 = 75 \quad \text{より} \quad n = 19$$

したがって，75 は第 19 項である。

← $a_n = a + (n-1)d$ において　$a = 3$，$d = 4$

**5A**　初項 1，公差 3 の等差数列 $\{a_n\}$ について，94 は第何項か。

**5B**　初項 50，公差 $-7$ の等差数列 $\{a_n\}$ について，$-83$ は第何項か。

**例 6**　第 2 項が 3，第 7 項が $-27$ である等差数列 $\{a_n\}$ の一般項を求めよ。

解答　この等差数列 $\{a_n\}$ の初項を $a$，公差を $d$ とすると，一般項は　$a_n = a + (n-1)d$

第 2 項が 3 であるから　$a_2 = a + d = 3$　……①

第 7 項が $-27$ であるから　$a_7 = a + 6d = -27$　……②

①，②より　$a = 9$，$d = -6$

よって，求める一般項は　$a_n = 9 + (n-1) \times (-6)$

すなわち　$a_n = -6n + 15$

**6A**　第 5 項が 7，第 13 項が 63 である等差数列 $\{a_n\}$ の一般項を求めよ。

**6B**　第 3 項が 14，第 7 項が 2 である等差数列 $\{a_n\}$ の一般項を求めよ。

**例7** 初項85，公差 $-4$ の等差数列 $\{a_n\}$ について，初めて負となる項は第何項か。

解答 この等差数列 $\{a_n\}$ の一般項は

$$a_n = 85 + (n-1) \times (-4) = -4n + 89$$

よって，$-4n + 89 < 0$ となるのは ← $a_n < 0$

$$n > \frac{89}{4} = 22.25$$

$n$ は自然数であるから　$n \geqq 23$

したがって，初めて負となる項は第23項である。

**7A** 初項200，公差 $-3$ の等差数列 $\{a_n\}$ について，初めて負となる項は第何項か。

**7B** 初項5，公差3の等差数列 $\{a_n\}$ について，初めて1000を超える項は第何項か。

**POINT 3 等差中項**

$a$，$b$，$c$ がこの順に等差数列 $\iff$ $2b = a + c$　　$b$ を等差中項という。

**例8** 3つの数5，$x$，17がこの順に等差数列であるとき，等差中項 $x$ の値を求めよ。

解答 $2x = 5 + 17$　より　$x = 11$

**8A** 3つの数2，$x$，12がこの順に等差数列であるとき，等差中項 $x$ の値を求めよ。

**8B** 3つの数4，$x$，$-2$ がこの順に等差数列であるとき，等差中項 $x$ の値を求めよ。

検印

## 3 等差数列の和

▶教 p.10〜12

**POINT 4**
**等差数列の和**

等差数列の初項から第 $n$ 項までの和を $S_n$ とすると

[1] 初項 $a$，末項 $l$ のとき　$S_n=\frac{1}{2}n(a+l)$

[2] 初項 $a$，公差 $d$ のとき　$S_n=\frac{1}{2}n\{2a+(n-1)d\}$

**例 9** 次の等差数列の和を求めよ。

(1) 初項 3，末項 48，項数 10　(2) 初項 4，公差 6，項数 7

解答 (1) $S_{10}=\frac{1}{2}\times10\times(3+48)=255$　← $S_n=\frac{1}{2}n(a+l)$

(2) $S_7=\frac{1}{2}\times7\times\{2\times4+(7-1)\times6\}=154$　← $S_n=\frac{1}{2}n\{2a+(n-1)d\}$

**9A** 次の等差数列の和を求めよ。

(1) 初項 200，末項 10，項数 20

(2) 初項 11，末項 83，項数 13

**9B** 次の等差数列の和を求めよ。

(1) 初項 8，末項 52，項数 12

(2) 初項 27，末項 $-43$，項数 15

**10A** 次の等差数列の和を求めよ。

(1) 初項 15，公差 2，項数 10

(2) 初項 10，公差 $-4$，項数 13

**10B** 次の等差数列の和を求めよ。

(1) 初項 48，公差 $-7$，項数 20

(2) 初項 $-4$，公差 3，項数 12

**例 10**　次の等差数列の和 $S$ を求めよ。

$1,\ 7,\ 13,\ 19,\ \cdots\cdots,\ 91$

解答　与えられた等差数列の初項は 1，公差は 6 である。
よって，91 を第 $n$ 項とすると

$1+(n-1)\times 6=91$　← $a_n=a+(n-1)d$

これを解くと　$n=16$

したがって，求める和 $S$ は　$S=\frac{1}{2}\times 16\times(1+91)=736$　← $S_n=\frac{1}{2}n(a+l)$

## 11A　次の等差数列の和 $S$ を求めよ。

(1)　$3,\ 7,\ 11,\ 15,\ \cdots\cdots,\ 79$

(2)　初項 48，公差 $-7$，末項 $-78$

## 11B　次の等差数列の和 $S$ を求めよ。

(1)　$-8,\ -5,\ -2,\ \cdots\cdots,\ 70$

(2)　初項 $\frac{3}{2}$，公差 $-\frac{1}{3}$，末項 $-\frac{11}{6}$

**POINT 5**
**自然数の和・奇数の和**

**自然数の和**　$1+2+3+\cdots\cdots+n=\frac{1}{2}n(n+1)$

**奇数の和**　$1+3+5+\cdots\cdots+(2n-1)=n^2$

**例 11**　$1+2+3+\cdots\cdots+16$ を求めよ。

解答　$1+2+3+\cdots\cdots+16=\frac{1}{2}\times 16\times(16+1)=136$

## 12A　$1+2+3+\cdots\cdots+60$ を求めよ。

## 12B　$1+3+5+\cdots\cdots+39$ を求めよ。

## 4 等比数列

▶教 p.13〜15

**POINT 6**
**等比数列の一般項**

ある数 $a$ につぎつぎと一定の数 $r$ を掛けて得られる数列を**等比数列**といい，$a$ を**初項**，$r$ を**公比**という。

数列 $\{a_n\}$ が等比数列 $\iff$ $\dfrac{a_{n+1}}{a_n} = r$ （ただし，$a_1 \neq 0$，$r \neq 0$）

初項 $a$，公比 $r$ の等比数列の一般項は　$a_n = ar^{n-1}$

**例 12** 次の等比数列について，初項と公比を求めよ。

(1) 1，3，9，27，……　　(2) 2，$-4$，8，$-16$，……

解答 (1) 初項は 1，公比は 3　　(2) 初項は 2，公比は $-2$

**13A** 次の等比数列について，初項と公比を求めよ。

(1) 3，6，12，24，……

(2) 2，$-6$，18，$-54$，……

**13B** 次の等比数列について，初項と公比を求めよ。

(1) 2，$\dfrac{4}{5}$，$\dfrac{8}{25}$，$\dfrac{16}{125}$，……

(2) 4，$4\sqrt{3}$，12，$12\sqrt{3}$，……

**例 13** 初項 5，公比 3 の等比数列 $\{a_n\}$ の一般項を求めよ。また，第 5 項を求めよ。

解答 この等比数列 $\{a_n\}$ の一般項は　$a_n = 5 \times 3^{n-1}$
また，第 5 項は　$a_5 = 5 \times 3^{5-1} = 5 \times 3^4 = 405$

**14A** 次の等比数列 $\{a_n\}$ の一般項を求めよ。また，第 5 項を求めよ。

(1) 初項 4，公比 3

(2) 初項 $-1$，公比 $-2$

**14B** 次の等比数列 $\{a_n\}$ の一般項を求めよ。また，第 5 項を求めよ。

(1) 初項 4，公比 $-\dfrac{1}{3}$

(2) 初項 5，公比 $-\sqrt{2}$

**例 14** 第 2 項が 8，第 4 項が 128 の等比数列 $\{a_n\}$ の一般項を求めよ。

解答 この等比数列 $\{a_n\}$ の初項を $a$，公比を $r$ とすると，一般項は $a_n = ar^{n-1}$

第 2 項が 8 であるから $a_2 = ar = 8$ ……①

第 4 項が 128 であるから $a_4 = ar^3 = 128$ ……②

②より $ar \times r^2 = 128$

①を代入すると $8 \times r^2 = 128$

よって，$r^2 = 16$ より $r = \pm 4$ ← $\frac{ar^3}{ar} = r^2$，$\frac{128}{8} = 16$

①より $r = 4$ のとき $4a = 8$ より $a = 2$

$r = -4$ のとき $-4a = 8$ より $a = -2$

したがって，求める一般項は $a_n = 2 \times 4^{n-1}$ または $a_n = -2 \times (-4)^{n-1}$

**15A** 第 3 項が 12，第 5 項が 48 の等比数列 $\{a_n\}$ の一般項を求めよ。

**15B** 第 2 項が 6，第 5 項が 48 の等比数列 $\{a_n\}$ の一般項を求めよ。

**POINT 7**
**等比中項**

0 でない 3 つの数 $a$，$b$，$c$ がこの順に等比数列 $\Longleftrightarrow$ $b^2 = ac$

$b$ を等比中項という。

**例 15** 3 つの数 2，$x$，32 がこの順に等比数列であるとき，等比中項 $x$ の値を求めよ。

解答 $x^2 = 2 \times 32 = 64$ より $x = \pm\sqrt{64} = \pm 8$

**16A** 3 つの数 3，$x$，12 がこの順に等比数列であるとき，等比中項 $x$ の値を求めよ。

**16B** 3 つの数 4，$x$，25 がこの順に等比数列であるとき，等比中項 $x$ の値を求めよ。

## 5 等比数列の和

▶教 p.16〜17

**POINT 8**
**等比数列の和**

初項 $a$，公比 $r$ の等比数列の初項から第 $n$ 項までの和 $S_n$ は

$r \neq 1$ のとき　$S_n = \dfrac{a(1-r^n)}{1-r} = \dfrac{a(r^n-1)}{r-1}$，　　$r=1$ のとき　$S_n = na$

**例 16**　初項 4，公比 2 の等比数列の初項から第 5 項までの和 $S_5$ を求めよ。

解答　$S_5 = \dfrac{4(2^5-1)}{2-1} = 4(32-1) = 124$　　← $S_n = \dfrac{a(r^n-1)}{r-1}$

**17A**　次の等比数列の初項から第 6 項までの和を求めよ。

(1)　初項 1，公比 3

(2)　初項 2，公比 $-2$

**17B**　次の等比数列の初項から第 6 項までの和を求めよ。

(1)　初項 4，公比 $\dfrac{3}{2}$

(2)　初項 $-1$，公比 $-\dfrac{1}{3}$

**例 17**　等比数列 1，$-4$，16，$-64$，…… の初項から第 $n$ 項までの和 $S_n$ を求めよ。

解答　初項が 1，公比が $-4$ であるから

$$S_n = \frac{1 \times \{1-(-4)^n\}}{1-(-4)} = \frac{1-(-4)^n}{5}$$

← $S_n = \dfrac{a(1-r^n)}{1-r}$

**18A**　次の等比数列の初項から第 $n$ 項までの和 $S_n$ を求めよ。

(1)　1，3，9，27，……

(2)　81，54，36，24，……

**18B**　次の等比数列の初項から第 $n$ 項までの和 $S_n$ を求めよ。

(1)　2，$-4$，8，$-16$，……

(2)　8，12，18，27，……

**例 18** 初項から第 3 項までの和 $S_3$ が 26，初項から第 6 項までの和 $S_6$ が 728 である等比数列の初項 $a$ と公比 $r$ を求めよ。ただし，公比は 1 でない実数とする。

解答

$S_3=26$ より $\dfrac{a(r^3-1)}{r-1}=26$ ……①

$S_6=728$ より $\dfrac{a(r^6-1)}{r-1}=728$ ……②

②より $\dfrac{a(r^3+1)(r^3-1)}{r-1}=728$

← $r^6-1=(r^3)^2-1^2$
$=(r^3+1)(r^3-1)$

①を代入すると $26(r^3+1)=728$

よって $r^3=27$

← $r^3=\dfrac{728}{26}-1=28-1$

$r$ は実数であるから $r=3$

$r=3$ を①に代入すると $a=2$

したがって，初項は $a=2$，公比は $r=3$

## ROUND 2

**19A** 初項から第 3 項までの和 $S_3$ が 5，初項から第 6 項までの和 $S_6$ が 45 である等比数列の初項 $a$ と公比 $r$ を求めよ。ただし，公比は 1 でない実数とする。

**19B** 初項から第 2 項までの和 $S_2$ が 15，初項から第 4 項までの和 $S_4$ が 255 である等比数列の初項 $a$ と公比 $r$ を求めよ。ただし，公比は 1 でない実数とする。

## 6　数列の和と Σ 記号

▶教 p.19〜21

**POINT 9**
和の記号 Σ

$$\sum_{k=1}^{n} a_k = a_1 + a_2 + a_3 + \cdots\cdots + a_n$$

**例 19**　次の和を，記号 Σ を用いずに表せ。

(1)　$\sum_{k=1}^{5}(3k-2)$　　(2)　$\sum_{k=1}^{n}k^2$

解答　(1)　$\sum_{k=1}^{5}(3k-2) = (3\cdot 1-2)+(3\cdot 2-2)+(3\cdot 3-2)+(3\cdot 4-2)+(3\cdot 5-2)$

$= 1+4+7+10+13$

(2)　$\sum_{k=1}^{n}k^2 = 1^2+2^2+3^2+4^2+\cdots\cdots+n^2$

**20A**　次の和を，記号 Σ を用いずに表せ。

(1)　$\sum_{k=1}^{5}(2k+1)$

(2)　$\sum_{k=1}^{n}(k+1)(k+2)$

**20B**　次の和を，記号 Σ を用いずに表せ。

(1)　$\sum_{k=1}^{6}3^k$

(2)　$\sum_{k=1}^{n-1}(k+2)^2$

**例 20**　次の和を，記号 Σ を用いて表せ。

(1)　$5+7+9+\cdots\cdots+(2n+3)$　　(2)　$2+2^2+2^3+\cdots\cdots+2^{11}$

解答　(1)　$5+7+9+\cdots\cdots+(2n+3) = \sum_{k=1}^{n}(2k+3)$　　← 第 $k$ 項は $2k+3$

(2)　$2+2^2+2^3+\cdots\cdots+2^{11} = \sum_{k=1}^{11}2^k$

**21A**　$5+8+11+14+17+20+23+26$ を，記号 Σ を用いて表せ。

**21B**　$4+4^2+4^3+\cdots\cdots+4^{10}$ を，記号 Σ を用いて表せ。

## POINT 10
和の公式

和の公式　$\sum_{k=1}^{n} c = nc$（$c$ は定数）　とくに　$\sum_{k=1}^{n} 1 = n$

$\sum_{k=1}^{n} k = \frac{1}{2}n(n+1)$,　$\sum_{k=1}^{n} k^2 = \frac{1}{6}n(n+1)(2n+1)$

等比数列の和　$\sum_{k=1}^{n} ar^{k-1} = \frac{a(1-r^n)}{1-r} = \frac{a(r^n-1)}{r-1}$　ただし，$r \neq 1$

**例 21**　次の和を求めよ。

(1) $\sum_{k=1}^{8} 2$　(2) $\sum_{k=1}^{15} k$　(3) $\sum_{k=1}^{4} k^2$

解答　(1) $\sum_{k=1}^{8} 2 = 8 \times 2 = 16$　(2) $\sum_{k=1}^{15} k = \frac{1}{2} \times 15 \times (15+1) = 120$

(3) $\sum_{k=1}^{4} k^2 = \frac{1}{6} \times 4 \times (4+1) \times (2 \times 4 + 1) = 30$

### 22A　次の和を求めよ。

(1) $\sum_{k=1}^{7} 4$

(2) $\sum_{k=1}^{6} k^2$

### 22B　次の和を求めよ。

(1) $\sum_{k=1}^{12} k$

(2) $\sum_{k=1}^{10} k^2$

**例 22**　次の和を求めよ。

(1) $\sum_{k=1}^{10} 5 \cdot 2^{k-1}$　(2) $\sum_{k=1}^{n} 3^k$

解答　(1) $\sum_{k=1}^{10} 5 \cdot 2^{k-1} = \frac{5(2^{10}-1)}{2-1} = 5115$　(2) $\sum_{k=1}^{n} 3^k = \sum_{k=1}^{n} 3 \cdot 3^{k-1} = \frac{3(3^n-1)}{3-1} = \frac{3^{n+1}-3}{2}$

### 23A　次の和を求めよ。

(1) $\sum_{k=1}^{8} 3 \cdot 2^{k-1}$

(2) $\sum_{k=1}^{10} 2^k$

### 23B　次の和を求めよ。

(1) $\sum_{k=1}^{6} 4 \cdot 3^{k-1}$

(2) $\sum_{k=1}^{n} \left(\frac{1}{2}\right)^{k-1}$

## 7 記号 Σ の性質

▶教 p.22〜23

**POINT 11**
**Σ の性質**

$\displaystyle\sum_{k=1}^{n}(a_k+b_k)=\sum_{k=1}^{n}a_k+\sum_{k=1}^{n}b_k$　　$\displaystyle\sum_{k=1}^{n}ca_k=c\sum_{k=1}^{n}a_k$　（$c$ は定数）

**例 23**　次の和を求めよ。

(1) $\displaystyle\sum_{k=1}^{n}(4k+3)$　　(2) $\displaystyle\sum_{k=1}^{n}(k-1)(k-3)$

解答　(1) $\displaystyle\sum_{k=1}^{n}(4k+3)=4\sum_{k=1}^{n}k+\sum_{k=1}^{n}3=4\times\frac{1}{2}n(n+1)+3n$　← $\displaystyle\sum_{k=1}^{n}k=\frac{1}{2}n(n+1)$

$=2n(n+1)+3n=n(2n+5)$

(2) $\displaystyle\sum_{k=1}^{n}(k-1)(k-3)=\sum_{k=1}^{n}(k^2-4k+3)$

$\displaystyle=\sum_{k=1}^{n}k^2-4\sum_{k=1}^{n}k+\sum_{k=1}^{n}3$　← $\displaystyle\sum_{k=1}^{n}k^2=\frac{1}{6}n(n+1)(2n+1)$

$\displaystyle=\frac{1}{6}n(n+1)(2n+1)-4\times\frac{1}{2}n(n+1)+3n$

$\displaystyle=\frac{1}{6}n\{(n+1)(2n+1)-12(n+1)+18\}$　← $\frac{1}{6}n$ でくくる

$\displaystyle=\frac{1}{6}n(2n^2-9n+7)=\frac{1}{6}n(n-1)(2n-7)$

### 24A　次の和を求めよ。

(1) $\displaystyle\sum_{k=1}^{n}(2k-5)$

(2) $\displaystyle\sum_{k=1}^{n}(k^2-k-1)$

### 24B　次の和を求めよ。

(1) $\displaystyle\sum_{k=1}^{n}(3k+4)$

(2) $\displaystyle\sum_{k=1}^{n}(2k^2-4k+3)$

(3) $\sum_{k=1}^{n}(3k+1)(k-1)$

(3) $\sum_{k=1}^{n}(k-1)^2$

**例 24** 和 $\sum_{k=1}^{n-1}(6k-1)$ を求めよ。

解答 $\sum_{k=1}^{n-1}(6k-1)=6\sum_{k=1}^{n-1}k-\sum_{k=1}^{n-1}1$

$=6\times\frac{1}{2}(n-1)\{(n-1)+1\}-(n-1)$

$=3(n-1)n-(n-1)=(n-1)(3n-1)$

← $\sum_{k=1}^{n}k=\frac{1}{2}n(n+1)$ より
$\sum_{k=1}^{n-1}k=\frac{1}{2}(n-1)\{(n-1)+1\}$

## 25A 次の和を求めよ。

(1) $\sum_{k=1}^{n-1}(2k+3)$

(2) $\sum_{k=1}^{n-1}(k^2+3k+1)$

## 25B 次の和を求めよ。

(1) $\sum_{k=1}^{n-1}(3k-1)$

(2) $\sum_{k=1}^{n-1}(k+1)(k-2)$

## POINT 12 数列の和の計算

数列の第 $k$ 項を $k$ の式で表し，求める和を $\Sigma$ を用いて表す。

**例 25** 次の数列の初項から第 $n$ 項までの和 $S_n$ を求めよ。

$1\cdot3,\ 2\cdot5,\ 3\cdot7,\ 4\cdot9,\ \cdots\cdots$

**解答** この数列の第 $k$ 項は　$k(2k+1)$　　よって，求める和 $S_n$ は

$$S_n=\sum_{k=1}^{n}k(2k+1)=\sum_{k=1}^{n}(2k^2+k)=2\sum_{k=1}^{n}k^2+\sum_{k=1}^{n}k$$

$$=2\times\frac{1}{6}n(n+1)(2n+1)+\frac{1}{2}n(n+1)$$

$$=\frac{1}{6}n(n+1)\{2(2n+1)+3\}=\frac{1}{6}n(n+1)(4n+5)$$

← $\frac{1}{6}n(n+1)$ でくくる

**26A** 次の数列の初項から第 $n$ 項までの和 $S_n$ を求めよ。

(1) $2\cdot3,\ 3\cdot4,\ 4\cdot5,\ \cdots\cdots$

(2) $1\cdot2,\ 3\cdot5,\ 5\cdot8,\ \cdots\cdots$

**26B** 次の数列の初項から第 $n$ 項までの和 $S_n$ を求めよ。

(1) $1\cdot5,\ 2\cdot8,\ 3\cdot11,\ \cdots\cdots$

(2) $3^2,\ 5^2,\ 7^2,\ \cdots\cdots$

検印

# 8 階差数列

▶教 p.24～26



**POINT 13**
**階差数列**

数列 $\{a_n\}$ において，

$$b_n = a_{n+1} - a_n \quad (n = 1,\ 2,\ 3,\ \cdots\cdots)$$

を項とする数列 $\{b_n\}$ を，もとの数列の**階差数列**という。

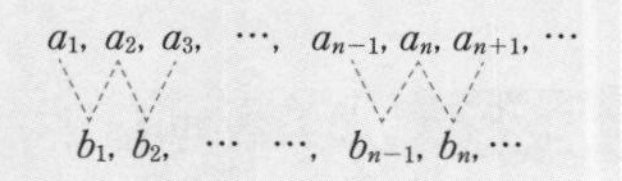


**例 26** 次の数列の階差数列 $\{b_n\}$ の一般項を求めよ。

(1) 2，3，6，11，18，……　　(2) 1，4，13，40，121，……

**解答** (1) 数列 2，3，6，11，18，…… の階差数列 $\{b_n\}$ は

1，3，5，7，……　　← 初項 1，公差 2 の等差数列

となり，一般項 $b_n$ は　$b_n = 1 + (n-1) \times 2 = 2n - 1$

(2) 数列 1，4，13，40，121，…… の階差数列 $\{b_n\}$ は

3，9，27，81，……　　← 初項 3，公比 3 の等比数列

となり，一般項 $b_n$ は　$b_n = 3 \times 3^{n-1} = 3^n$

**27A** 次の数列の階差数列 $\{b_n\}$ の一般項を求めよ。

(1) 2，3，5，8，12，17，……

(2) 4，9，12，13，12，9，……

(3) −6，−5，−2，7，34，……

**27B** 次の数列の階差数列 $\{b_n\}$ の一般項を求めよ。

(1) 3，5，9，15，23，33，……

(2) 1，3，7，15，31，63，……

(3) 5，6，3，12，−15，……

**POINT 14**
**階差数列と一般項**

数列 $\{a_n\}$ の階差数列を $\{b_n\}$ とすると，
$n \geqq 2$ のとき　$a_n = a_1 + (b_1 + b_2 + b_3 + \cdots\cdots + b_{n-1}) = a_1 + \sum_{k=1}^{n-1} b_k$

**例 27**　次の数列 $\{a_n\}$ の一般項を求めよ。
2, 5, 10, 17, 26, 37, ……

解答　数列 $\{a_n\}$ の階差数列 $\{b_n\}$ は　3, 5, 7, 9, 11, ……　となり，
一般項 $b_n$ は　$b_n = 3 + (n-1) \times 2 = 2n + 1$　　ゆえに，$n \geqq 2$ のとき

← 初項 3，公差 2 の等差数列

$$a_n = a_1 + \sum_{k=1}^{n-1} b_k = 2 + \sum_{k=1}^{n-1}(2k+1) = 2 + 2\sum_{k=1}^{n-1} k + \sum_{k=1}^{n-1} 1$$
$$= 2 + 2 \times \frac{1}{2}(n-1)n + (n-1) = n^2 + 1$$

ここで，$a_n = n^2 + 1$ に $n = 1$ を代入すると　$a_1 = 2$　となるから，
この式は $n = 1$ のときも成り立つ。よって，求める一般項は　$a_n = n^2 + 1$

**28A**　次の数列 $\{a_n\}$ の一般項を求めよ。

(1)　1, 3, 8, 16, 27, 41, ……

(2)　$-2$, $-1$, 2, 11, 38, ……

**28B**　次の数列 $\{a_n\}$ の一般項を求めよ。

(1)　1, 2, 7, 16, 29, ……

(2)　$-1$, 1, 5, 13, 29, 61, ……

検印

# 9 数列の和と一般項

▶教 p.27

**POINT 15**
**数列の和と一般項**

数列 $\{a_n\}$ の初項から第 $n$ 項までの和を $S_n$ とすると，
初項 $a_1$ は　$a_1 = S_1$
$n \geqq 2$ のとき　$a_n = S_n - S_{n-1}$

**例 28** 初項から第 $n$ 項までの和 $S_n$ が，$S_n = n^2 + 6n$ で与えられる数列 $\{a_n\}$ の一般項を求めよ。

解答 初項 $a_1$ は　$a_1 = S_1 = 1^2 + 6 \times 1 = 7$
$n \geqq 2$ のとき　$a_n = S_n - S_{n-1} = (n^2 + 6n) - \{(n-1)^2 + 6(n-1)\} = 2n + 5$
ここで，$a_n = 2n + 5$ に $n = 1$ を代入すると　$a_1 = 7$　となるから，
この式は $n = 1$ のときも成り立つ。よって，求める一般項は　$a_n = 2n + 5$

**29A** 初項から第 $n$ 項までの和 $S_n$ が，次の式で与えられる数列 $\{a_n\}$ の一般項を求めよ。

(1) $S_n = n^2 - 3n$

(2) $S_n = 3^n - 1$

**29B** 初項から第 $n$ 項までの和 $S_n$ が，次の式で与えられる数列 $\{a_n\}$ の一般項を求めよ。

(1) $S_n = 3n^2 + 4n$

(2) $S_n = 4^{n+1} - 4$



検印

# 10 いろいろな数列の和

▶教 p. 28～29

**POINT 16**

**部分分数分解の利用**

1つの分数式を簡単な分数式の和や差の形に変形することを，**部分分数に分解する**という。たとえば

$$\frac{1}{k(k+1)}=\frac{(k+1)-k}{k(k+1)}=\frac{k+1}{k(k+1)}-\frac{k}{k(k+1)}=\frac{1}{k}-\frac{1}{k+1}$$

**例 29** $\dfrac{1}{(2k-1)(2k+1)}=\dfrac{1}{2}\left(\dfrac{1}{2k-1}-\dfrac{1}{2k+1}\right)$ であることを用いて，次の和 $S_n$ を求めよ。

$$S_n=\frac{1}{1\cdot3}+\frac{1}{3\cdot5}+\frac{1}{5\cdot7}+\cdots\cdots+\frac{1}{(2n-1)(2n+1)}$$

解答

$$S_n=\frac{1}{1\cdot3}+\frac{1}{3\cdot5}+\frac{1}{5\cdot7}+\cdots\cdots+\frac{1}{(2n-1)(2n+1)}$$

$$=\frac{1}{2}\left(\frac{1}{1}-\frac{1}{3}\right)+\frac{1}{2}\left(\frac{1}{3}-\frac{1}{5}\right)+\frac{1}{2}\left(\frac{1}{5}-\frac{1}{7}\right)+\cdots\cdots+\frac{1}{2}\left(\frac{1}{2n-1}-\frac{1}{2n+1}\right)$$

$$=\frac{1}{2}\left\{\left(\frac{1}{1}-\frac{1}{3}\right)+\left(\frac{1}{3}-\frac{1}{5}\right)+\left(\frac{1}{5}-\frac{1}{7}\right)+\cdots\cdots+\left(\frac{1}{2n-1}-\frac{1}{2n+1}\right)\right\}$$

$$=\frac{1}{2}\left(1-\frac{1}{2n+1}\right)=\frac{n}{2n+1}$$

**30A** $\dfrac{1}{(4k-3)(4k+1)}=\dfrac{1}{4}\left(\dfrac{1}{4k-3}-\dfrac{1}{4k+1}\right)$ であることを用いて，次の和 $S_n$ を求めよ。

$$S_n=\frac{1}{1\cdot5}+\frac{1}{5\cdot9}+\frac{1}{9\cdot13}+\cdots\cdots+\frac{1}{(4n-3)(4n+1)}$$

**30B** $\dfrac{1}{(3k-1)(3k+2)}=\dfrac{1}{3}\left(\dfrac{1}{3k-1}-\dfrac{1}{3k+2}\right)$ であることを用いて，次の和 $S_n$ を求めよ。

$$S_n=\frac{1}{2\cdot5}+\frac{1}{5\cdot8}+\frac{1}{8\cdot11}+\cdots\cdots+\frac{1}{(3n-1)(3n+2)}$$

## POINT 17 和の計算の工夫

$S_n$ が等差数列と等比数列の各項の積の和になっているときは，等比数列の公比 $r$ を用いて，$S_n - rS_n$ を考える。

**例 30** 次の和 $S_n$ を求めよ。

$$S_n = 3\cdot1 + 6\cdot4 + 9\cdot4^2 + 12\cdot4^3 + \cdots\cdots + 3n\cdot4^{n-1}$$

**解答** $S_n = 3\cdot1 + 6\cdot4 + 9\cdot4^2 + 12\cdot4^3 + \cdots\cdots + 3n\cdot4^{n-1}$ ……①

において，①の両辺に 4 を掛けると

$4S_n = 3\cdot4 + 6\cdot4^2 + 9\cdot4^3 + \cdots\cdots + 3(n-1)\cdot4^{n-1} + 3n\cdot4^n$ ……②

① − ② より

$$\begin{array}{rrl} & S_n = & 3\cdot1 + 6\cdot4 + 9\cdot4^2 + \cdots\cdots + 3n\cdot4^{n-1} \\ -) & 4S_n = & \qquad 3\cdot4 + 6\cdot4^2 + \cdots\cdots + 3(n-1)\cdot4^{n-1} + 3n\cdot4^n \\ \hline & -3S_n = & 3\cdot1 + 3\cdot4 + 3\cdot4^2 + \cdots\cdots + 3\cdot4^{n-1} \qquad - 3n\cdot4^n \end{array}$$

$$\begin{aligned} -3S_n &= 3\cdot1 + 3\cdot4 + 3\cdot4^2 + \cdots\cdots + 3\cdot4^{n-1} - 3n\cdot4^n \\ &= \frac{3(4^n-1)}{4-1} - 3n\cdot4^n \\ &= 4^n - 1 - 3n\cdot4^n = (1-3n)\cdot4^n - 1 \end{aligned}$$

よって　$S_n = \dfrac{(1-3n)\cdot4^n - 1}{-3} = \dfrac{(3n-1)\cdot4^n + 1}{3}$

## ROUND 2

**31** 次の和 $S_n$ を求めよ。

$$S_n = 2\cdot1 + 4\cdot3 + 6\cdot3^2 + 8\cdot3^3 + \cdots\cdots + 2n\cdot3^{n-1}$$

# 11 群に分けられた数列

▶教 p.31

**POINT 18**
**群に分けられた数列**

第 $m$ 群の最初の項を求めるには，第 $m$ 群の最初の項までの項数を求め，もとの数列の一般項に代入する。

**例 31** 初項 2，公差 3 の等差数列 $\{a_n\}$ を，次のような群に分ける。ただし，第 $m$ 群には $m$ 個の数が入るものとする。

$$2 \mid 5,\ 8 \mid 11,\ 14,\ 17 \mid 20,\ 23,\ 26,\ 29 \mid 32,\ 35,\ \cdots\cdots$$

(1) 第 $m$ 群の最初の項を求めよ。　(2) 第 $m$ 群に含まれる数の総和 $S$ を求めよ。

解答 (1) 数列 $\{a_n\}$ の一般項は　$a_n=2+(n-1)\times 3=3n-1$

第 $m$ 群には $m$ 個の数が入るから，$m \geqq 2$ のとき，第 1 群から第 $(m-1)$ 群までの項の個数は　$1+2+3+\cdots\cdots+(m-1)=\dfrac{1}{2}m(m-1)$

ゆえに，第 $m$ 群の最初の項は，もとの数列の第 $\left\{\dfrac{1}{2}m(m-1)+1\right\}$ 項であるから

$$3\times\left\{\frac{1}{2}m(m-1)+1\right\}-1=\frac{1}{2}(3m^2-3m+4)$$

このことは，$m=1$ のときも成り立つ。

よって，求める項は　$\dfrac{1}{2}(3m^2-3m+4)$

(2) 求める和 $S$ は，初項 $\dfrac{1}{2}(3m^2-3m+4)$，公差 3，項数 $m$ の等差数列の和である。

したがって　$S=\dfrac{1}{2}m\left\{2\times\dfrac{1}{2}(3m^2-3m+4)+(m-1)\times 3\right\}=\dfrac{1}{2}m(3m^2+1)$

**32** 初項 1，公差 4 の等差数列 $\{a_n\}$ を，次のような群に分ける。ただし，第 $m$ 群には $m$ 個の数が入るものとする。

$$1 \mid 5,\ 9 \mid 13,\ 17,\ 21 \mid 25,\ 29,\ 33,\ 37 \mid 41,\ 45,\ \cdots\cdots$$

(1) 第 $m$ 群の最初の項を求めよ。　(2) 第 $m$ 群に含まれる数の総和 $S$ を求めよ。

検印

## 12 漸化式

▶教 p.32〜35

**POINT 19**
**漸化式**

数列 $\{a_n\}$ において，隣り合う項の間の関係式を数列 $\{a_n\}$ の漸化式という。
漸化式 $a_{n+1}=a_n+d$ で定められる数列は，公差 $d$ の等差数列　$a_n=a_1+(n-1)d$
漸化式 $a_{n+1}=ra_n$ で定められる数列は，公比 $r$ の等比数列　$a_n=a_1r^{n-1}$

**例 32**　次の式で定められる数列 $\{a_n\}$ の第 2 項から第 5 項までを求めよ。

$$a_1=2,\quad a_{n+1}=3a_n+n$$

解答　$a_2=3\times a_1+1=3\times 2+1=7$　　$a_3=3\times a_2+2=3\times 7+2=23$
$a_4=3\times a_3+3=3\times 23+3=72$　　$a_5=3\times a_4+4=3\times 72+4=220$

**33A**　次の式で定められる数列 $\{a_n\}$ の第 2 項から第 5 項までを求めよ。

(1)　$a_1=2,\quad a_{n+1}=a_n+3$

(2)　$a_1=4,\quad a_{n+1}=2a_n+3$

**33B**　次の式で定められる数列 $\{a_n\}$ の第 2 項から第 5 項までを求めよ。

(1)　$a_1=3,\quad a_{n+1}=-2a_n$

(2)　$a_1=1,\quad a_{n+1}=na_n+n^2$

**例 33**　次の式で定められる数列 $\{a_n\}$ の一般項を求めよ。

(1)　$a_1=1,\quad a_{n+1}=a_n+7$　　(2)　$a_1=2,\ a_{n+1}=2a_n$

解答　(1)　数列 $\{a_n\}$ は，初項 1，公差 7 の等差数列である。
$a_n=1+(n-1)\times 7=7n-6$
(2)　数列 $\{a_n\}$ は，初項 2，公比 2 の等比数列である。
$a_n=2\times 2^{n-1}=2^n$

**34A**　次の式で定められる数列 $\{a_n\}$ の一般項を求めよ。

(1)　$a_1=2,\quad a_{n+1}=a_n+6$

(2)　$a_1=5,\quad a_{n+1}=3a_n$

**34B**　次の式で定められる数列 $\{a_n\}$ の一般項を求めよ。

(1)　$a_1=15,\quad a_{n+1}=a_n-4$

(2)　$a_1=8,\quad a_{n+1}=\frac{3}{2}a_n$

## POINT 20 漸化式と一般項

漸化式 $\boldsymbol{a}_{n+1}=\boldsymbol{a}_n+\boldsymbol{b}_n$ で定められる数列 $\{\boldsymbol{a}_n\}$ の一般項は，$\{\boldsymbol{a}_n\}$ の階差数列が $\{\boldsymbol{b}_n\}$ であるから，$n \geqq 2$ のとき $\boldsymbol{a}_n=\boldsymbol{a}_1+\sum_{k=1}^{n-1}\boldsymbol{b}_k$ として求める。

**例 34** 次の式で定められる数列 $\{a_n\}$ の一般項を求めよ。

$a_1=3, \quad a_{n+1}=a_n+4n-1$

解答　$a_{n+1}-a_n=4n-1$ であるから，

数列 $\{a_n\}$ の階差数列を $\{b_n\}$ とすると　$b_n=4n-1$　　⬅ $b_n=a_{n+1}-a_n$

ゆえに，$n \geqq 2$ のとき

$$a_n=a_1+\sum_{k=1}^{n-1}(4k-1)=3+4\times\frac{1}{2}n(n-1)-(n-1)$$

⬅ $a_n=a_1+\sum_{k=1}^{n-1}b_k$

$$=2n^2-3n+4$$

ここで，$a_n=2n^2-3n+4$ に $n=1$ を代入すると　$a_1=3$　となるから，

この式は $n=1$ のときも成り立つ。よって，求める一般項は　$a_n=2n^2-3n+4$

**35A** 次の式で定められる数列 $\{a_n\}$ の一般項を求めよ。

(1) $a_1=1, \quad a_{n+1}=a_n+n+1$

(2) $a_1=1, \quad a_{n+1}=a_n+n^2$

**35B** 次の式で定められる数列 $\{a_n\}$ の一般項を求めよ。

(1) $a_1=3, \quad a_{n+1}=a_n+3n+2$

(2) $a_1=2, \quad a_{n+1}=a_n+3n^2-n$

**POINT 21**
**$a_{n+1}=pa_n+q$ の形の一般項**

漸化式 $a_{n+1}=pa_n+q$ $(p \neq 0,\ 1)$ で定められる数列 $\{a_n\}$ の一般項は，
$a_{n+1}-\alpha=p(a_n-\alpha)$ と変形して求める。($\alpha$ は $\alpha=p\alpha+q$ を満たす数)

**例 35** 漸化式 $a_{n+1}=6a_n-10$ を $a_{n+1}-\alpha=p(a_n-\alpha)$ の形に変形せよ。

解答　$\alpha=6\alpha-10$ とおくと　$\alpha=2$
よって，与えられた漸化式は　$a_{n+1}-2=6(a_n-2)$　と変形できる。

**36A** 漸化式 $a_{n+1}=2a_n-1$ を，$a_{n+1}-\alpha=p(a_n-\alpha)$ の形に変形せよ。

**36B** 漸化式 $a_{n+1}=-3a_n-8$ を，$a_{n+1}-\alpha=p(a_n-\alpha)$ の形に変形せよ。

**例 36** 次の式で定められる数列 $\{a_n\}$ の一般項を求めよ。
$a_1=1,\quad a_{n+1}=3a_n+4$

解答　与えられた漸化式を変形すると　$a_{n+1}+2=3(a_n+2)$
ここで，$b_n=a_n+2$ とおくと　$b_{n+1}=3b_n,\quad b_1=a_1+2=1+2=3$
よって，数列 $\{b_n\}$ は，初項 3，公比 3 の等比数列であるから　$b_n=3\cdot 3^{n-1}=3^n$
したがって，数列 $\{a_n\}$ の一般項は，$a_n=b_n-2$ より　$a_n=3^n-2$

**37A** 次の式で定められる数列 $\{a_n\}$ の一般項を求めよ。

(1) $a_1=2,\quad a_{n+1}=4a_n-3$

(2) $a_1=1,\quad a_{n+1}=\dfrac{3}{4}a_n+1$

**37B** 次の式で定められる数列 $\{a_n\}$ の一般項を求めよ。

(1) $a_1=3,\quad a_{n+1}=3a_n+2$

(2) $a_1=0,\quad a_{n+1}=1-\dfrac{1}{2}a_n$

## 13 数学的帰納法

▶教 p.37〜40

**POINT 22**
**数学的帰納法**

自然数 $n$ に関する命題 $P$ が，すべての自然数 $n$ について成り立つことを証明するには，次の[I]，[II]を示せばよい。
[I]　$n=1$ のとき，$P$ が成り立つ。
[II]　$n=k$ のとき，$P$ が成り立つと仮定すると，$n=k+1$ のときも $P$ が成り立つ。

**例 37**　すべての自然数 $n$ について，次の等式が成り立つことを，数学的帰納法を用いて証明せよ。

$$2+4+6+\cdots\cdots+2n=n(n+1) \quad \cdots\cdots①$$

証明　[I]　$n=1$ のとき　(左辺)$=2$，(右辺)$=1\cdot2=2$
よって，$n=1$ のとき，①は成り立つ。
[II]　$n=k$ のとき，①が成り立つと仮定すると

$$2+4+6+\cdots\cdots+2k=k(k+1)$$

この式を用いると，$n=k+1$ のときの①の左辺は

$$2+4+6+\cdots\cdots+2k+2(k+1)$$
$$=k(k+1)+2(k+1)=(k+1)(k+2)$$

← ①の右辺で $n=k+1$ とした式

よって，$n=k+1$ のときも①は成り立つ。
[I]，[II]から，すべての自然数 $n$ について①が成り立つ。　終

**38A**　すべての自然数 $n$ について，次の等式が成り立つことを，数学的帰納法を用いて証明せよ。

(1)　$3+5+7+\cdots\cdots+(2n+1)=n(n+2)$

**38B**　すべての自然数 $n$ について，次の等式が成り立つことを，数学的帰納法を用いて証明せよ。

(1)　$1+2+2^2+\cdots\cdots+2^{n-1}=2^n-1$

(2) $\dfrac{1}{1\cdot 2}+\dfrac{1}{2\cdot 3}+\dfrac{1}{3\cdot 4}+\cdots\cdots+\dfrac{1}{n(n+1)}$
$=\dfrac{n}{n+1}$

(3) $1^3+2^3+3^3+\cdots\cdots+n^3=\left\{\dfrac{1}{2}n(n+1)\right\}^2$

(2) $1\cdot 3+2\cdot 4+3\cdot 5+\cdots\cdots+n(n+2)$
$=\dfrac{1}{6}n(n+1)(2n+7)$

(3) $1\cdot 2\cdot 3+2\cdot 3\cdot 4+\cdots\cdots+n(n+1)(n+2)$
$=\dfrac{1}{4}n(n+1)(n+2)(n+3)$

## POINT 23 整数の性質の証明

数学的帰納法を用いて整数の性質を証明するときは，証明する整数の性質を，適当な文字を用いて等式で表す。

**例 38** すべての自然数 $n$ について，$5^n-1$ は 4 の倍数であることを，数学的帰納法を用いて証明せよ。

証明　命題「$5^n-1$ は 4 の倍数である」を①とする。

[I] $n=1$ のとき，$5^1-1=4$　　よって，$n=1$ のとき，①は成り立つ。

[II] $n=k$ のとき，①が成り立つと仮定すると，整数 $m$ を用いて

$5^k-1=4m$ と表される。

この式を用いると，$n=k+1$ のとき

$$5^{k+1}-1=5\cdot5^k-1=5(4m+1)-1$$
$$=20m+4=4(5m+1)$$

← $5^k-1=4m$ より $5^k=4m+1$

ここで，$5m+1$ は整数であるから，$5^{k+1}-1$ は 4 の倍数である。

よって，$n=k+1$ のときも①は成り立つ。

[I]，[II]から，すべての自然数 $n$ について①が成り立つ。 終

**39A** すべての自然数 $n$ について，$6^n-1$ は 5 の倍数であることを，数学的帰納法を用いて証明せよ。

**39B** すべての自然数 $n$ について，$7^n+5$ は 6 の倍数であることを，数学的帰納法を用いて証明せよ。

**POINT 24**
**不等式の証明**

$n$ が $m$ 以上の自然数のとき成り立つ不等式の証明は，次のことを示せばよい。
[I] $n=m$ のとき成り立つ。
[II] $k \geqq m$ として，$n=k$ のとき成り立つと仮定すると，$n=k+1$ のときも成り立つ。

**例 39** $n$ が 3 以上の自然数のとき，次の不等式が成り立つことを，数学的帰納法を用いて証明せよ。

$3^n > 7n+5$ ……①

証明 [I] $n=3$ のとき (左辺) $=3^3=27$, (右辺) $=7\times3+5=26$
よって，$n=3$ のとき，①は成り立つ。
[II] $k \geqq 3$ として，$n=k$ のとき，①が成り立つと仮定すると

$3^k > 7k+5$

この式を用いて，$n=k+1$ のときも①が成り立つこと，
すなわち $3^{k+1} > 7(k+1)+5$ ……②
が成り立つことを示せばよい。②の両辺の差を考えると

$$
\begin{aligned}
(\text{左辺})-(\text{右辺}) &= 3^{k+1}-7(k+1)-5 \\
&= 3\cdot3^k-7k-12 \\
&> 3(7k+5)-7k-12 \quad \Leftarrow 3^k > 7k+5 \\
&= 14k+3 > 0 \quad \Leftarrow k \geqq 3
\end{aligned}
$$

よって，②が成り立つから，$n=k+1$ のときも①は成り立つ。
[I]，[II]から，3 以上のすべての自然数 $n$ について①が成り立つ。 終

## ROUND 2

**40** $n$ が 2 以上の自然数のとき，次の不等式が成り立つことを，数学的帰納法を用いて証明せよ。

$4^n > 6n+3$

**例題 1　隣接３項間の漸化式**　▶教 p.36 思考力＋

次の式で定められる数列 $\{a_n\}$ の一般項を求めよ。

$a_1=3$, $a_2=7$, $a_{n+2}=-2a_{n+1}+3a_n$

考え方　与えられた漸化式を $a_{n+2}-a_{n+1}=-3(a_{n+1}-a_n)$ と変形して，$b_n=a_{n+1}-a_n$ とおくと，数列 $\{b_n\}$ は公比 $-3$ の等比数列であることがわかる。
$\{b_n\}$ は $\{a_n\}$ の階差数列であるから，$\{b_n\}$ の一般項から $\{a_n\}$ の一般項が求められる。

解答　与えられた漸化式を変形すると

$a_{n+2}-a_{n+1}=-3(a_{n+1}-a_n)$

ここで，$b_n=a_{n+1}-a_n$ とおくと

$b_{n+1}=-3b_n$,　$b_1=a_2-a_1=7-3=4$

よって，数列 $\{b_n\}$ は，初項 4，公比 $-3$ の等比数列であるから

$b_n=4\cdot(-3)^{n-1}$

数列 $\{b_n\}$ は，数列 $\{a_n\}$ の階差数列であるから，$n\geqq 2$ のとき

$$a_n=a_1+\sum_{k=1}^{n-1}4\cdot(-3)^{k-1}=3+\frac{4\{1-(-3)^{n-1}\}}{1-(-3)}=4-(-3)^{n-1}$$

ここで，$a_n=4-(-3)^{n-1}$ に $n=1$ を代入すると　$a_1=3$
となるから，この式は $n=1$ のときも成り立つ。
よって，求める一般項は　$\boldsymbol{a_n=4-(-3)^{n-1}}$ 答

**41** 次の式で定められる数列 $\{a_n\}$ の一般項を求めよ。

$a_1=2$, $a_2=8$, $a_{n+2}=4a_{n+1}-3a_n$

## 例題 2 等差数列の和の最大値

初項 50，公差 $-6$ である等差数列 $\{a_n\}$ の初項から第何項までの和が最大となるか。
また，そのときの和 $S$ を求めよ。

解答 この等差数列 $\{a_n\}$ の一般項は　$a_n=50+(n-1)\times(-6)=-6n+56$

$a_n$ が負になるのは　$-6n+56<0$ より　$n>\dfrac{56}{6}=9.3\cdots\cdots$

したがって，第 10 項から負になるので，**第 9 項までの和**が最大となる。 答

また，そのときの和 $S$ は　$S=\dfrac{1}{2}\times 9\times\{2\times 50+(9-1)\times(-6)\}=\mathbf{234}$ 答

**42** 初項 80，公差 $-7$ である等差数列 $\{a_n\}$ の初項から第何項までの和が最大となるか。また，そのときの和 $S$ を求めよ。

## 例題 3 数列の和の応用

次の和 $S_n$ を求めよ。

$$S_n=\frac{1}{1+\sqrt{2}}+\frac{1}{\sqrt{2}+\sqrt{3}}+\frac{1}{\sqrt{3}+\sqrt{4}}+\cdots\cdots+\frac{1}{\sqrt{n}+\sqrt{n+1}}$$

解答

$$\frac{1}{\sqrt{k}+\sqrt{k+1}}=\frac{1}{\sqrt{k+1}+\sqrt{k}}=\frac{\sqrt{k+1}-\sqrt{k}}{(\sqrt{k+1}+\sqrt{k})(\sqrt{k+1}-\sqrt{k})}=\frac{\sqrt{k+1}-\sqrt{k}}{(k+1)-k}$$

$=\sqrt{k+1}-\sqrt{k}$ と変形できるから

$$S_n=\frac{1}{1+\sqrt{2}}+\frac{1}{\sqrt{2}+\sqrt{3}}+\frac{1}{\sqrt{3}+\sqrt{4}}+\cdots\cdots+\frac{1}{\sqrt{n}+\sqrt{n+1}}$$

$$=(\sqrt{2}-\sqrt{1})+(\sqrt{3}-\sqrt{2})+(\sqrt{4}-\sqrt{3})+\cdots\cdots+(\sqrt{n+1}-\sqrt{n})=\sqrt{\boldsymbol{n}+\mathbf{1}}-\mathbf{1}$$ 答

**43** 次の和 $S_n$ を求めよ。

$$S_n=\frac{1}{\sqrt{3}+\sqrt{5}}+\frac{1}{\sqrt{5}+\sqrt{7}}+\frac{1}{\sqrt{7}+\sqrt{9}}+\cdots\cdots+\frac{1}{\sqrt{2n+1}+\sqrt{2n+3}}$$

# 14 確率変数と確率分布

▶教 p.46〜47

**POINT 25**
**確率変数と確率分布**

**確率変数**　1つの試行の結果によって値が定まり，それぞれの値に対応して確率が定まるような変数

$\begin{cases} P(X=a) & \text{確率変数 } X \text{ の値が } a \text{ となる確率} \\ P(a \leqq X \leqq b) & \text{確率変数 } X \text{ の値が } a \text{ 以上 } b \text{ 以下となる確率} \end{cases}$

**確率分布**　確率変数 $X$ のとり得る値とその値をとる確率との対応関係

右の表のような確率分布について

[1]　$p_1 \geqq 0$，$p_2 \geqq 0$，……，$p_n \geqq 0$

[2]　$p_1+p_2+\cdots\cdots+p_n=1$

| $X$ | $x_1$ | $x_2$ | …… | $x_n$ | 計 |
|---|---|---|---|---|---|
| $P$ | $p_1$ | $p_2$ | …… | $p_n$ | 1 |

**例 40**　1枚の硬貨を続けて3回投げるとき，表の出る回数 $X$ の確率分布を求めよ。

解答　$X$ のとり得る値は，0，1，2，3 である。

$$P(X=0)={}_3\mathrm{C}_0\left(\frac{1}{2}\right)^0\left(1-\frac{1}{2}\right)^3=\frac{1}{8}$$

$$P(X=1)={}_3\mathrm{C}_1\left(\frac{1}{2}\right)^1\left(1-\frac{1}{2}\right)^{3-1}=\frac{3}{8}$$

$$P(X=2)={}_3\mathrm{C}_2\left(\frac{1}{2}\right)^2\left(1-\frac{1}{2}\right)^{3-2}=\frac{3}{8}$$

$$P(X=3)={}_3\mathrm{C}_3\left(\frac{1}{2}\right)^3\left(1-\frac{1}{2}\right)^{3-3}=\frac{1}{8}$$

よって，$X$ の確率分布は，右の表のようになる。

← 反復試行の確率
${}_n\mathrm{C}_r p^r(1-p)^{n-r}$

| $X$ | 0 | 1 | 2 | 3 | 計 |
|---|---|---|---|---|---|
| $P$ | $\frac{1}{8}$ | $\frac{3}{8}$ | $\frac{3}{8}$ | $\frac{1}{8}$ | 1 |

**44A**　1，2，3，4 の数字が書かれたカードが，それぞれ1枚，2枚，3枚，4枚ある。この10枚のカードの中から1枚引くとき，そのカードに書かれた数を $X$ とする。$X$ の確率分布を求めよ。

**44B**　1枚の硬貨を続けて4回投げるとき，表の出る回数 $X$ の確率分布を求めよ。

**例 41** 1から6までの数字が1つずつ書かれた6枚のカードがある。ここから3枚のカードを同時に引き，そこに書かれた最大の数を $X$ とする。このとき，$X$ の確率分布と確率 $P(4 \leqq X \leqq 5)$ を求めよ。

**解答** $X$ のとり得る値は，3，4，5，6 である。
$X=3$ となるのは，1，2，3 のカードを引いた場合であるから

$$P(X=3)=\frac{1}{{}_6C_3}=\frac{1}{20}$$

$X=4$ となるのは，最大値が4以下となる確率から最大値が3以下となる確率を引いて求められるから

$$P(X=4)=\frac{{}_4C_3}{{}_6C_3}-\frac{{}_3C_3}{{}_6C_3}=\frac{4}{20}-\frac{1}{20}=\frac{3}{20}$$

同様にして

$$P(X=5)=\frac{{}_5C_3}{{}_6C_3}-\frac{{}_4C_3}{{}_6C_3}=\frac{10}{20}-\frac{4}{20}=\frac{6}{20}$$

$$P(X=6)=\frac{{}_6C_3}{{}_6C_3}-\frac{{}_5C_3}{{}_6C_3}=\frac{20}{20}-\frac{10}{20}=\frac{10}{20}$$

であるから，$X$ の確率分布は右の表のようになる。

よって　$P(4 \leqq X \leqq 5)=\frac{3}{20}+\frac{6}{20}=\frac{9}{20}$

| $X$ | 3 | 4 | 5 | 6 | 計 |
|---|---|---|---|---|---|
| $P$ | $\frac{1}{20}$ | $\frac{3}{20}$ | $\frac{6}{20}$ | $\frac{10}{20}$ | 1 |

**45A** 2個のさいころを同時に投げるとき，出る目の差の絶対値 $X$ の確率分布と確率 $P(0 \leqq X \leqq 2)$ を求めよ。

**45B** 1個のさいころを続けて3回投げるとき，出る目の最大値 $X$ の確率分布と確率 $P(3 \leqq X \leqq 5)$ を求めよ。

# 15 確率変数の期待値

▶教 p.48〜49

**POINT 26**
**確率変数の期待値**

確率変数 $X$ の確率分布が右の表のように与えられたとき

| $X$ | $x_1$ | $x_2$ | …… | $x_n$ | 計 |
|---|---|---|---|---|---|
| $P$ | $p_1$ | $p_2$ | …… | $p_n$ | 1 |

$$E(X)=\sum_{k=1}^{n}x_kp_k=x_1p_1+x_2p_2+\cdots+x_np_n$$

を $X$ の期待値という。

**例 42** 赤球 2 個と白球 5 個が入っている袋から 3 個の球を同時に取り出すとき，取り出された赤球の個数を $X$ とする。このとき，確率変数 $X$ の期待値 $E(X)$ を求めよ。

解答　$X$ のとり得る値は 0，1，2 である。

$$P(X=0)=\frac{{}_5\mathrm{C}_3}{{}_7\mathrm{C}_3}=\frac{2}{7}$$

$$P(X=1)=\frac{{}_2\mathrm{C}_1\times{}_5\mathrm{C}_2}{{}_7\mathrm{C}_3}=\frac{4}{7}$$

$$P(X=2)=\frac{{}_2\mathrm{C}_2\times{}_5\mathrm{C}_1}{{}_7\mathrm{C}_3}=\frac{1}{7}$$

であるから，$X$ の確率分布は右の表のようになる。

| $X$ | 0 | 1 | 2 | 計 |
|---|---|---|---|---|
| $P$ | $\frac{2}{7}$ | $\frac{4}{7}$ | $\frac{1}{7}$ | 1 |

よって　$E(X)=0\cdot\frac{2}{7}+1\cdot\frac{4}{7}+2\cdot\frac{1}{7}=\frac{6}{7}$

**46A** 5 枚の硬貨を同時に投げるとき，表の出る枚数を $X$ とする。このとき，確率変数 $X$ の期待値 $E(X)$ を求めよ。

**46B** 赤球 3 個と白球 2 個が入っている袋から 2 個の球を同時に取り出すとき，取り出された赤球の個数を $X$ とする。このとき，確率変数 $X$ の期待値 $E(X)$ を求めよ。

## POINT 27 いろいろな確率変数の期待値

文章問題における期待値は，次のようにして求める。
① 題意に適した確率変数 $X$ を考える。
② $X$ のとり得る値とその値に対応する確率をすべて求める。
③ 確率分布表に整理して，期待値を計算する。



**例 43** 2 枚の硬貨を同時に投げるとき，2 枚とも表ならば 100 点，1 枚だけ表ならば 40 点，2 枚とも裏ならば 20 点とする。このとき，得点の期待値を求めよ。

解答 得点を $X$ (点) とすると，$X$ のとり得る値は 100，40，20 である。

$$P(X=100)=\frac{1}{4},\quad P(X=40)=\frac{2}{4},\quad P(X=20)=\frac{1}{4}$$

であるから，$X$ の確率分布は右の表のようになる。

| $X$ | 100 | 40 | 20 | 計 |
|---|---|---|---|---|
| $P$ | $\frac{1}{4}$ | $\frac{2}{4}$ | $\frac{1}{4}$ | 1 |

よって，$X$ の期待値 $E(X)$ は

$$E(X)=100\cdot\frac{1}{4}+40\cdot\frac{2}{4}+20\cdot\frac{1}{4}=50$$

すなわち，得点の期待値は 50 点である。

**47A** 赤球 4 個と白球 3 個が入っている袋から 2 個の球を同時に取り出すとき，取り出された赤球の数が 2 個ならば 25 点，赤球の数が 1 個ならば 5 点，赤球が 1 個もないならば 0 点とする。このとき，得点の期待値を求めよ。

**47B** 1 から 5 までの数字が 1 つずつ書かれた 5 枚のカードから 2 枚のカードを同時に引き，カードの数の大きい方の値を得点とする。このとき，得点の期待値を求めよ。



検印

# 16　$aX+b$ の期待値

▶教 p.50〜51

**POINT 28**

**$aX+b$ と $X^2$ の期待値**

$a$，$b$ を定数とするとき　$E(aX+b)=aE(X)+b$

確率変数 $X$ の確率分布が右の表のように与えられているとき，$X^2$ の期待値は

| $X$ | $x_1$ | $x_2$ | …… | $x_n$ | 計 |
|---|---|---|---|---|---|
| $P$ | $p_1$ | $p_2$ | …… | $p_n$ | 1 |

$$E(X^2)=\sum_{k=1}^{n} x_k{}^2 p_k = x_1{}^2 p_1 + x_2{}^2 p_2 + \cdots + x_n{}^2 p_n$$

**例 44**　3 枚の硬貨を同時に投げるとき，表の出る枚数を $X$ とする。このとき，次の確率変数の期待値を求めよ。

(1)　$X$　　(2)　$2X+3$　　(3)　$X^2$

解答　(1)　$X$ の確率分布は右の表のようになるから

| $X$ | 0 | 1 | 2 | 3 | 計 |
|---|---|---|---|---|---|
| $P$ | $\frac{1}{8}$ | $\frac{3}{8}$ | $\frac{3}{8}$ | $\frac{1}{8}$ | 1 |

$$E(X)=0\cdot\frac{1}{8}+1\cdot\frac{3}{8}+2\cdot\frac{3}{8}+3\cdot\frac{1}{8}=\frac{3}{2}$$

(2)　(1)より　$E(2X+3)=2E(X)+3=2\cdot\frac{3}{2}+3=6$

(3)　(1)の確率分布表より　$E(X^2)=0^2\cdot\frac{1}{8}+1^2\cdot\frac{3}{8}+2^2\cdot\frac{3}{8}+3^2\cdot\frac{1}{8}=3$

**48A**　1 個のさいころを投げるとき，出る目の数を $X$ とする。このとき，次の確率変数の期待値を求めよ。

(1)　$X$

(2)　$5X+3$

(3)　$X^2$

**48B**　赤球 3 個と白球 2 個が入っている袋から 3 個の球を同時に取り出すとき，取り出された赤球の個数を $X$ とする。このとき，次の確率変数の期待値を求めよ。

(1)　$X$

(2)　$3X-2$

(3)　$X^2$

検印

# 17 確率変数の分散と標準偏差

▶教 p.52〜57



**POINT 29**
**分散と標準偏差**

分　散　$V(X)=E((X-m)^2)=\sum_{k=1}^{n}(x_k-m)^2$　　ただし，$m=E(X)$

標準偏差　$\sigma(X)=\sqrt{V(X)}$

**例 45**　1，2，3の数字が書かれたカードが，それぞれ1枚，2枚，3枚ある。この6枚のカードの中から1枚引くとき，そのカードに書かれた数を$X$とする。$X$の期待値$E(X)$，分散$V(X)$，標準偏差$\sigma(X)$を求めよ。

解答　$X$の確率分布は右の表のようになる。

| $X$ | 1 | 2 | 3 | 計 |
|---|---|---|---|---|
| $P$ | $\frac{1}{6}$ | $\frac{2}{6}$ | $\frac{3}{6}$ | 1 |

よって　$E(X)=1\cdot\frac{1}{6}+2\cdot\frac{2}{6}+3\cdot\frac{3}{6}=\frac{7}{3}$

$$V(X)=\left(1-\frac{7}{3}\right)^2\cdot\frac{1}{6}+\left(2-\frac{7}{3}\right)^2\cdot\frac{2}{6}+\left(3-\frac{7}{3}\right)^2\cdot\frac{3}{6}=\frac{5}{9}$$

$$\sigma(X)=\sqrt{V(X)}=\sqrt{\frac{5}{9}}=\frac{\sqrt{5}}{3}$$

**49A**　1，2，3，4の数字が書かれたカードが，それぞれ4枚，3枚，2枚，1枚ある。この10枚のカードの中から1枚引くとき，そのカードに書かれた数を$X$とする。$X$の期待値$E(X)$，分散$V(X)$，標準偏差$\sigma(X)$を求めよ。

**49B**　4枚の硬貨を同時に投げるとき，表の出る枚数を$X$とする。$X$の期待値$E(X)$，分散$V(X)$，標準偏差$\sigma(X)$を求めよ。

## POINT 30 分散と標準偏差の計算

分散 $V(X)$ は，次の式で計算することもできる。

$$V(X)=E(X^2)-\{E(X)\}^2$$

**例 46** 赤球 2 個，白球 4 個が入っている箱から 2 個の球を同時に取り出すとき，取り出された赤球の個数を $X$ とする。確率変数 $X$ の標準偏差 $\sigma(X)$ を求めよ。

解答 $X$ のとり得る値は 0，1，2 である。

$$P(X=0)=\frac{{}_4C_2}{{}_6C_2}=\frac{6}{15},\quad P(X=1)=\frac{{}_2C_1\times{}_4C_1}{{}_6C_2}=\frac{8}{15},\quad P(X=2)=\frac{{}_2C_2}{{}_6C_2}=\frac{1}{15}$$

であるから，$X$ の確率分布は右の表のようになる。

| $X$ | 0 | 1 | 2 | 計 |
|---|---|---|---|---|
| $P$ | $\frac{6}{15}$ | $\frac{8}{15}$ | $\frac{1}{15}$ | 1 |

ゆえに　$E(X)=0\cdot\frac{6}{15}+1\cdot\frac{8}{15}+2\cdot\frac{1}{15}=\frac{2}{3}$

$$E(X^2)=0^2\cdot\frac{6}{15}+1^2\cdot\frac{8}{15}+2^2\cdot\frac{1}{15}=\frac{4}{5}$$

よって　$V(X)=E(X^2)-\{E(X)\}^2=\frac{4}{5}-\left(\frac{2}{3}\right)^2=\frac{16}{45}$，$\sigma(X)=\sqrt{V(X)}=\sqrt{\frac{16}{45}}=\frac{4\sqrt{5}}{15}$

**50A** 赤球 3 個，白球 4 個が入っている箱から 2 個の球を同時に取り出すとき，取り出された赤球の個数を $X$ とする。確率変数 $X$ の標準偏差 $\sigma(X)$ を求めよ。

**50B** 1 から 5 までの数字が 1 つずつ書かれた 5 枚のカードから同時に 2 枚を取り出すとき，カードの数の小さい方の値を $X$ とする。確率変数 $X$ の標準偏差 $\sigma(X)$ を求めよ。

## POINT 31

**$aX+b$ の分散と標準偏差**

$a$, $b$ を定数とするとき

$$V(aX+b)=a^2V(X),\quad \sigma(aX+b)=|a|\sigma(X)$$

**例 47** 確率変数 $X$ の期待値が 6，標準偏差が 3 であるとき，確率変数 $-2X+5$ の期待値，分散，標準偏差を求めよ。

解答

$$E(-2X+5)=-2E(X)+5=-2\cdot 6+5=-7$$

$$V(-2X+5)=(-2)^2V(X)=4\{\sigma(X)\}^2=4\cdot 3^2=36$$

$$\sigma(-2X+5)=|-2|\sigma(X)=2\cdot 3=6$$

**51A** 確率変数 $X$ の期待値が 4，分散が 2 であるとき，確率変数 $3X+1$ の期待値，分散，標準偏差を求めよ。

**51B** 確率変数 $X$ の期待値が 5，分散が 4 であるとき，確率変数 $-6X+5$ の期待値，分散，標準偏差を求めよ。

**例 48** 4 枚の 500 円硬貨を同時に投げ，表の出る硬貨の金額に 300 円を加えた金額が得られるとき，得られる金額の期待値と標準偏差を求めよ。

解答 表の出る枚数を $X$ とすると，$X$ の確率分布は右の表のようになるから

| $X$ | 0 | 1 | 2 | 3 | 4 | 計 |
|---|---|---|---|---|---|---|
| $P$ | $\frac{1}{16}$ | $\frac{4}{16}$ | $\frac{6}{16}$ | $\frac{4}{16}$ | $\frac{1}{16}$ | 1 |

$$E(X)=0\cdot\frac{1}{16}+1\cdot\frac{4}{16}+2\cdot\frac{6}{16}+3\cdot\frac{4}{16}+4\cdot\frac{1}{16}=2$$

$$E(X^2)=0^2\cdot\frac{1}{16}+1^2\cdot\frac{4}{16}+2^2\cdot\frac{6}{16}+3^2\cdot\frac{4}{16}+4^2\cdot\frac{1}{16}=5$$

ゆえに　$V(X)=E(X^2)-\{E(X)\}^2=5-2^2=1$,　$\sigma(X)=\sqrt{V(X)}=\sqrt{1}=1$

よって，得られる金額 $500X+300$ の期待値と標準偏差は

$$E(500X+300)=500E(X)+300=500\cdot 2+300=1300$$

$$\sigma(500X+300)=|500|\sigma(X)=500\cdot 1=500$$

したがって，得られる金額の期待値は 1300 円，標準偏差は 500 円

**52** 3 枚の 100 円硬貨を同時に投げ，表の出る硬貨の金額から 30 円を引いた金額が得られるとき，得られる金額の期待値と標準偏差を求めよ。

# 18 確率変数の和と積

▶教 p.58〜62

**POINT 32**

**確率変数の和の期待値**

2つの確率変数 $X$，$Y$ について

$$E(X+Y)=E(X)+E(Y)$$

3つ以上の確率変数の和に対しても，上と同様の式が成り立つ。

**例 49**　1個のさいころを投げるとき，出る目の期待値は $\frac{7}{2}$ である。このことを用いて，大中小3個のさいころを同時に投げるとき，出る目の和の期待値を求めよ。

解答　大中小3個のさいころを同時に投げるとき，それぞれの出る目の数を $X_1$，$X_2$，$X_3$ とする。このとき，

$$E(X_1)=E(X_2)=E(X_3)=\frac{7}{2}$$

であるから，出る目の和 $X_1+X_2+X_3$ の期待値は

$$E(X_1+X_2+X_3)=E(X_1)+E(X_2)+E(X_3)$$
$$=\frac{7}{2}+\frac{7}{2}+\frac{7}{2}=\frac{21}{2}$$

**53A**　1個のさいころを投げるとき，出る目の期待値は $\frac{7}{2}$ である。このことを用いて，4個のさいころを同時に投げるとき，出る目の和の期待値を求めよ。

**53B**　1枚の硬貨を投げるとき，表の出る枚数の期待値は $\frac{1}{2}$ 枚である。このことを用いて，7枚の硬貨を同時に投げるとき，表の出る枚数の期待値を求めよ。

## POINT 33
**独立な確率変数**

2つの確率変数 $X$, $Y$ について, $X$ のとる値 $a$ と $Y$ のとる値 $b$ のどのような組に対しても

$$P(X=a,\ Y=b)=P(X=a)\cdot P(Y=b)$$

が成り立つとき，確率変数 $X$, $Y$ は互いに**独立**であるという。

3つ以上の確率変数の独立も同様に定める。

なお，試行 S, T が互いに独立であるとき，S における確率変数 $X$ と T における確率変数 $Y$ は互いに独立である。

**例 50** 1個のさいころを投げ，得点 $X$ は出る目が奇数ならば1点，偶数ならば0点とし，得点 $Y$ は出る目が3以下ならば0点，4以上ならば4点とする。このとき，$X$, $Y$ が互いに独立であるか調べよ。

解答　$X=0$, $Y=0$ となるのは，2の目が出るときだけであるから，$P(X=0,\ Y=0)=\frac{1}{6}$

一方，$P(X=0)=\frac{1}{2}$, $P(Y=0)=\frac{1}{2}$ より $P(X=0)\cdot P(Y=0)=\frac{1}{4}$

よって $P(X=0,\ Y=0)\neq P(X=0)\cdot P(Y=0)$

したがって，確率変数 $X$, $Y$ は互いに独立ではない。

**54** 1個のさいころを投げ，得点 $X$ は出る目が奇数ならば0点，偶数ならば2点とし，得点 $Y$ は出る目が3の倍数ならば3点，3の倍数でなければ0点とする。このとき，$X$, $Y$ が互いに独立であるか調べよ。

**POINT 34**

**独立な確率変数の積の期待値と和の分散**

確率変数 $X$，$Y$ が互いに独立であるとき

$$E(XY)=E(X)\cdot E(Y)$$

$$V(X+Y)=V(X)+V(Y)$$

3 つ以上の独立な確率変数に対しても，上と同様の式が成り立つ。

**例 51** 1 個のさいころを投げるとき，出る目の期待値は $\dfrac{7}{2}$，分散は $\dfrac{35}{12}$ である。

このことを用いて，大中小 3 個のさいころを同時に投げたときの目の積の期待値および目の和の期待値と分散を求めよ。

解答 大中小 3 個のさいころを同時に投げるとき，それぞれの出る目の数を $X$，$Y$，$Z$ とする。

$$E(X)=E(Y)=E(Z)=\frac{7}{2},\quad V(X)=V(Y)=V(Z)=\frac{35}{12}$$

であり，$X$，$Y$，$Z$ は互いに独立であるから

$$E(XYZ)=E(X)\cdot E(Y)\cdot E(Z)=\frac{7}{2}\times\frac{7}{2}\times\frac{7}{2}=\frac{343}{8}$$

$$E(X+Y+Z)=E(X)+E(Y)+E(Z)=\frac{7}{2}+\frac{7}{2}+\frac{7}{2}=\frac{21}{2}$$

$$V(X+Y+Z)=V(X)+V(Y)+V(Z)=\frac{35}{12}+\frac{35}{12}+\frac{35}{12}=\frac{35}{4}$$

**55A** 1 枚の硬貨を投げるとき，表の出る枚数の期待値は $\dfrac{1}{2}$ 枚，分散は $\dfrac{1}{4}$ である。

このことを用いて，次の問いに答えよ。

(1) 3 枚の硬貨を同時に投げるとき，表の出る枚数の期待値と分散を求めよ。

(2) 3 枚の硬貨を同時に投げる試行を 2 回行い，1 回目に表の出る枚数を $X$，2 回目に表の出る枚数を $Y$ とする。このとき，$XY$ の期待値を求めよ。

**55B** 1 枚の硬貨を投げるとき，表の出る枚数の期待値は $\dfrac{1}{2}$ 枚，分散は $\dfrac{1}{4}$ である。

このことを用いて，次の問いに答えよ。

(1) 4 枚の硬貨を同時に投げるとき，表の出る枚数の期待値と分散を求めよ。

(2) 4 枚の硬貨を同時に投げる試行を 2 回行い，1 回目に表の出る枚数を $X$，2 回目に表の出る枚数を $Y$ とする。このとき，$XY$ の期待値を求めよ。

# 19 二項分布

▶教 p.64～67



**POINT 35**
**二項分布**

1回の試行で事象 $A$ の起こる確率が $p$ である試行を $n$ 回くり返す反復試行において事象 $A$ が起こる回数を $X$ とすると

$$P(X=r)={}_n\mathrm{C}_r p^r q^{n-r}\ (r=1,\ 2,\ \cdots\cdots,\ n)\qquad ただし,\ q=1-p$$

$P(X=r)$ が上の式で表される確率分布を**二項分布**といい，$B(n,\ p)$ で表す。

**例 52**　1枚の硬貨を続けて7回投げるとき，表の出る回数を $X$ とする。このとき，$X$ はどのような二項分布に従うか。

**解答**　$X$ の従う二項分布を $B(n,\ p)$ とする。7回投げる反復試行であるから　$n=7$

1回投げるとき，表の出る確率は $\frac{1}{2}$ であるから　$p=\frac{1}{2}$

すなわち，$X$ は二項分布 $B\left(7,\ \frac{1}{2}\right)$ に従う。

**56A**　1個のさいころを続けて5回投げるとき，5以上の目が出る回数を $X$ とする。このとき，$X$ はどのような二項分布に従うか。

**56B**　2個のさいころを続けて9回投げるとき，2個とも1の目が出る回数を $X$ とする。このとき，$X$ はどのような二項分布に従うか。

**例 53**　1枚の硬貨を続けて5回投げるとき，表の出る回数を $X$ とする。このとき，$P(3\leqq X\leqq 4)$ を求めよ。

**解答**　硬貨を1回投げるとき，表の出る確率は $\frac{1}{2}$ であるから，$X$ は二項分布 $B\left(5,\ \frac{1}{2}\right)$ に従う。

よって　$P(X=r)={}_5\mathrm{C}_r\left(\frac{1}{2}\right)^r\left(1-\frac{1}{2}\right)^{5-r}={}_5\mathrm{C}_r\left(\frac{1}{2}\right)^5$　$(r=0,\ 1,\ 2,\ 3,\ 4,\ 5)$

より　$P(3\leqq X\leqq 4)=P(X=3)+P(X=4)={}_5\mathrm{C}_3\left(\frac{1}{2}\right)^5+{}_5\mathrm{C}_4\left(\frac{1}{2}\right)^5=\frac{10}{32}+\frac{5}{32}=\frac{15}{32}$

**57A**　1枚の硬貨を続けて6回投げるとき，表の出る回数を $X$ とする。このとき，$P(2\leqq X\leqq 3)$ を求めよ。

**57B**　1個のさいころを続けて4回投げるとき，3以上の目が出る回数を $X$ とする。このとき，$P(X\leqq 1)$ を求めよ。

## POINT 36 二項分布の期待値と分散・標準偏差

確率変数 $X$ が二項分布 $B(n,\ p)$ に従うとき，$q=1-p$ とすると

期待値　$E(X)=np$

分散　$V(X)=npq$

標準偏差　$\sigma(X)=\sqrt{V(X)}=\sqrt{npq}$

**例 54**　1個のさいころを180回投げるとき，4以下の目の出る回数 $X$ の期待値，分散，標準偏差を求めよ。

解答　さいころを1回投げて，4以下の目の出る確率は $\dfrac{2}{3}$ である。

よって，$X$ は二項分布 $B\left(180,\ \dfrac{2}{3}\right)$ に従うから

$$E(X)=180\times\frac{2}{3}=120$$

$$V(X)=180\times\frac{2}{3}\times\left(1-\frac{2}{3}\right)=40$$

$$\sigma(X)=\sqrt{40}=2\sqrt{10}$$

**58A**　1個のさいころを300回投げるとき，2以下の目の出る回数 $X$ の期待値，分散，標準偏差を求めよ。

**58B**　2枚の硬貨を同時に150回投げるとき，2枚とも裏になる回数 $X$ の期待値，分散，標準偏差を求めよ。

**59A**　2個のさいころを同時に500回投げるとき，目の和が4以下になる回数 $X$ の期待値，分散，標準偏差を求めよ。

**59B**　4枚の硬貨を同時に200回投げるとき，4枚とも表または4枚とも裏になる回数 $X$ の期待値，分散，標準偏差を求めよ。

**例 55** ある製品を製造するとき，不良品が生じる確率は 0.2 であるという。この製品を 100 個製造するとき，その中に含まれる不良品の個数 $X$ の期待値，分散，標準偏差を求めよ。

**解答** この製品を 100 個製造するとき，不良品が生じる確率は 0.2 であるから，$X$ は二項分布 $B(100,\ 0.2)$ に従う。
よって，$X$ の期待値，分散，標準偏差は

$$E(X)=100\times0.2=20$$
$$V(X)=100\times0.2\times(1-0.2)=16$$
$$\sigma(X)=\sqrt{16}=4$$

**60A** ある製品を製造するとき，不良品が生じる確率は 0.02 であるという。この製品を 100 個製造するとき，その中に含まれる不良品の個数 $X$ の期待値，分散，標準偏差を求めよ。

**60B** ある菓子には当たりくじがついており，当たる確率は 0.36 であるという。この菓子を 100 個買ったとき，当たる個数 $X$ の期待値，分散，標準偏差を求めよ。

**61A** ある種の発芽率は $\frac{3}{4}$ であるという。この種を 300 個まいたとき，発芽する種の個数 $X$ の期待値，分散，標準偏差を求めよ。

**61B** ある菓子には当たりくじがついており，当たる確率は $\frac{1}{25}$ であるという。この菓子を 150 個買ったとき，当たる個数 $X$ の期待値，分散，標準偏差を求めよ。

# 20 正規分布

▶教 p.68〜76

## POINT 37 連続型確率変数と確率密度関数

**連続型確率変数**　長さや重さなどのように連続した値をとる確率変数

**確率密度関数**　連続型確率変数 $X$ の分布曲線を表す関数 $f(x)$

**例 56**

確率変数 $X$ の確率密度関数が $f(x)=\dfrac{3}{2}x\ \left(0\leqq x\leqq\dfrac{2\sqrt{3}}{3}\right)$

で表されるとき，$P(0\leqq X\leqq 1)$ を求めよ。

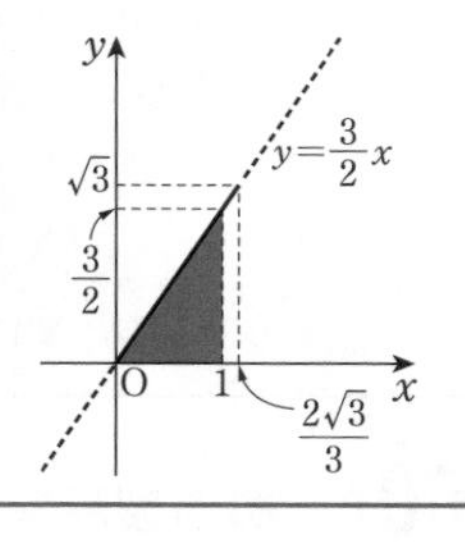


解答　$P(0\leqq X\leqq 1)=\displaystyle\int_0^1\frac{3}{2}x\,dx=\frac{3}{4}$

**62A**　確率変数 $X$ の確率密度関数が

$$f(x)=\frac{1}{8}x\ \ (0\leqq X\leqq 4)$$

で表されるとき，$P(0\leqq X\leqq 3)$ を求めよ。

**62B**　確率変数 $X$ の確率密度関数が

$$f(x)=-\frac{1}{2}x+1\ \ (0\leqq X\leqq 2)$$

で表されるとき，$P(1\leqq X\leqq 2)$ を求めよ。

## POINT 38 正規分布 標準正規分布

**正規分布 $N(m,\ \sigma^2)$**　確率密度関数が $f(x)=\dfrac{1}{\sqrt{2\pi}\sigma}e^{-\frac{(x-m)^2}{2\sigma^2}}$ である確率変数 $X$ の確率分布

ただし，$m$ は実数，$\sigma$ は正の実数，$e$ は無理数の定数で，$e=2.71828\cdots\cdots$

確率変数 $X$ が正規分布 $N(m,\ \sigma^2)$ に従うとき

$E(X)=m,\ \sigma(X)=\sigma$

$y=\dfrac{1}{\sqrt{2\pi}\sigma}e^{-\frac{(x-m)^2}{2\sigma^2}}$ のグラフは右の図のようになり，次のような性質をもつ。

直線 $x=m$ に関して対称である。

$y$ は $x=m$ で最大値をとる。

$x$ 軸を漸近線とする。

$f(x)=\dfrac{1}{\sqrt{2\pi}\sigma}e^{-\frac{(x-m)^2}{2\sigma^2}}$　　$\dfrac{1}{\sqrt{2\pi}\sigma}$　　$m$　$x$

**標準正規分布**　期待値 0，標準偏差 1 の正規分布 $N(0,\ 1)$

確率密度関数は　$f(z)=\dfrac{1}{\sqrt{2\pi}}e^{-\frac{z^2}{2}}$

**正規分布表**　確率変数 $Z$ が標準正規分布 $N(0,\ 1)$ に従うときの $P(0\leqq Z\leqq t)$ の値の表。

右の図の■部分の面積は $P(0\leqq Z\leqq t)$ に等しい。

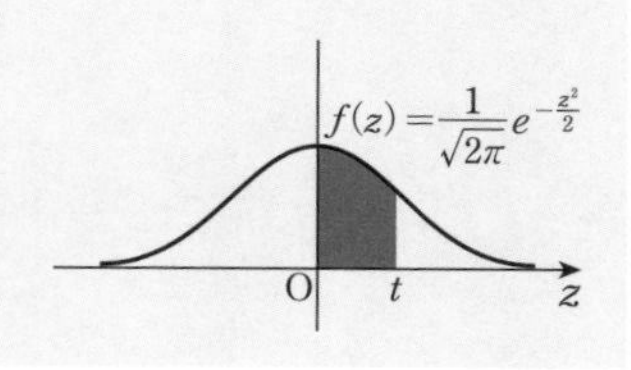

**例 57** 確率変数 $Z$ が標準正規分布 $N(0,\ 1)$ に従うとき，次の確率を求めよ。

(1) $P(0 \leqq Z \leqq 1.36)$　(2) $P(-1.25 \leqq Z \leqq 0)$

(3) $P(-1.25 \leqq Z \leqq 1.46)$　(4) $P(1.25 \leqq Z \leqq 1.46)$

**解答** (1) $P(0 \leqq Z \leqq 1.36) = 0.4131$

| $t$ | … | .05 | .06 | .07 |
|---|---|---|---|---|
| … | … | … | … | … |
| 1.2 | … | 0.3944 | 0.3962 | 0.3980 |
| 1.3 | … | 0.4115 | 0.4131 | 0.4147 |
| 1.4 | … | 0.4265 | 0.4279 | 0.4292 |
| … | … | … | … | … |

(2) $P(-1.25 \leqq Z \leqq 0)$

$= P(0 \leqq Z \leqq 1.25) = 0.3944$

(3) $P(-1.25 \leqq Z \leqq 1.46)$

$= P(-1.25 \leqq Z \leqq 0) + P(0 \leqq Z \leqq 1.46)$

$= P(0 \leqq Z \leqq 1.25) + P(0 \leqq Z \leqq 1.46)$

$= 0.3944 + 0.4279 = 0.8223$

(4) $P(1.25 \leqq Z \leqq 1.46)$

$= P(0 \leqq Z \leqq 1.46) - P(0 \leqq Z \leqq 1.25)$

$= 0.4279 - 0.3944 = 0.0335$

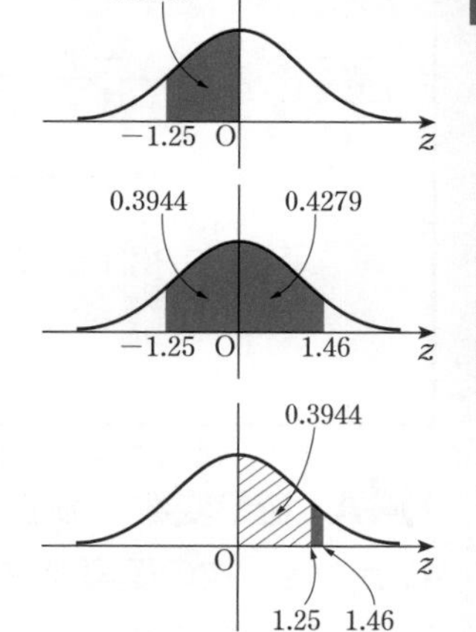


**63A** 確率変数 $Z$ が標準正規分布 $N(0,\ 1)$ に従うとき，次の確率を求めよ。

(1) $P(0 \leqq Z \leqq 1.4)$

(2) $P(-0.6 \leqq Z \leqq 2.3)$

(3) $P(0.8 \leqq Z \leqq 2.6)$

(4) $P(1 \leqq Z)$

**63B** 確率変数 $Z$ が標準正規分布 $N(0,\ 1)$ に従うとき，次の確率を求めよ。

(1) $P(-2.1 \leqq Z \leqq 0)$

(2) $P(-1.5 \leqq Z \leqq 2.7)$

(3) $P(-1.2 \leqq Z \leqq -0.5)$

(4) $P(Z \leqq -2)$

## POINT 39 確率変数の標準化

確率変数 $\boldsymbol{X}$ が正規分布 $\boldsymbol{N(m,\ \sigma^2)}$ に従うとき，$\boldsymbol{Z=\dfrac{X-m}{\sigma}}$ とおくと，確率変数 $\boldsymbol{Z}$ は標準正規分布 $\boldsymbol{N(0,\ 1)}$ に従う。

**例 58** 確率変数 $X$ が正規分布 $N(30,\ 4^2)$ に従うとき，$P(24 \leqq X \leqq 36)$ を求めよ。

解答 $Z=\dfrac{X-30}{4}$ とおくと，$Z$ は標準正規分布 $N(0,\ 1)$ に従う。

$X=24$ のとき　$Z=\dfrac{24-30}{4}=-1.5$，$X=36$ のとき　$Z=\dfrac{36-30}{4}=1.5$ であるから

$$\begin{aligned}P(24 \leqq X \leqq 36) &= P(-1.5 \leqq Z \leqq 1.5) = P(-1.5 \leqq Z \leqq 0)+P(0 \leqq Z \leqq 1.5)\\ &= P(0 \leqq Z \leqq 1.5)+P(0 \leqq Z \leqq 1.5)\\ &= 2P(0 \leqq Z \leqq 1.5) = 2\times 0.4332 = 0.8664\end{aligned}$$

**64A** 確率変数 $X$ が正規分布 $N(50,\ 10^2)$ に従うとき，次の確率を求めよ。

(1) $P(45 \leqq X \leqq 55)$

(2) $P(70 \leqq X)$

(3) $P(X \leqq 56)$

**64B** 確率変数 $X$ が正規分布 $N(55,\ 20^2)$ に従うとき，次の確率を求めよ。

(1) $P(45 \leqq X \leqq 55)$

(2) $P(X \leqq 45)$

(3) $P(47 \leqq X \leqq 51)$

**例 59** ある動物の個体の体長を調べたところ，平均値 50 cm，標準偏差 2 cm であった。体長の分布を正規分布とみなすとき，この中に体長が 47 cm 以上 55 cm 以下のものはおよそ何 % いるか。小数第 1 位を四捨五入して求めよ。

**解答** 体長を $X$ cm とすると，$X$ は正規分布 $N(50,\ 2^2)$ に従う。

$Z=\dfrac{X-50}{2}$ とおくと，$Z$ は標準正規分布 $N(0,\ 1)$ に従う。

$X=47$ のとき　$Z=\dfrac{47-50}{2}=-1.5$，$X=55$ のとき　$Z=\dfrac{55-50}{2}=2.5$ であるから

$$\begin{aligned} P(47 \leqq X \leqq 55) &= P(-1.5 \leqq Z \leqq 2.5) \\ &= P(0 \leqq Z \leqq 1.5)+P(0 \leqq Z \leqq 2.5) \\ &= 0.4332+0.4938=0.9270 \end{aligned}$$

よって，体長が 47 cm 以上 55 cm 以下のものはおよそ 93% いる。

## ROUND 2

**65A** ある資格試験の受験者の得点は平均値 50 点，標準偏差 10 点であった。得点の分布を正規分布とみなすとき，得点が 70 点以上の人は受験者全体の何 % いるか。

**65B** ある工場で生産される飲料の重さは 1 缶あたり平均値 203 g，標準偏差 1 g であった。重さの分布を正規分布とみなすとき，重さ 200 g 以下の缶が生産される確率を求めよ。

**POINT 40**

**二項分布の正規分布による近似**

二項分布 $B(n,\ p)$ に従う確率変数 $X$ に対し，$Z=\dfrac{X-np}{\sqrt{npq}}$ とおくと，$n$ が大きいとき，$Z$ は近似的に標準正規分布 $N(0,\ 1)$ に従う。ただし，$q=1-p$

**例 60** 1個のさいころを450回投げるとき，5以上の目が出る回数が130回以下となる確率を求めよ。

解答　5以上の目が出る回数を $X$ とすると，$X$ は二項分布 $B\left(450,\ \dfrac{1}{3}\right)$ に従う。

$X$ の期待値 $m$ と標準偏差 $\sigma$ は

$$m=450\times\frac{1}{3}=150,\quad \sigma=\sqrt{450\times\frac{1}{3}\times\frac{2}{3}}=\sqrt{100}=10$$

よって，$Z=\dfrac{X-150}{10}$ とおくと，$Z$ は近似的に標準正規分布 $N(0,\ 1)$ に従う。

$X=130$ のとき　$Z=\dfrac{130-150}{10}=-2$

したがって　$P(X\leqq 130)=P(Z\leqq -2)=P(2\leqq Z)$

$=P(0\leqq Z)-P(0\leqq Z\leqq 2)$

$=0.5-0.4772=0.0228$

**66A** 1枚の硬貨を1600回投げるとき，表の出る回数が780回以上840回以下となる確率を求めよ。

**66B** 2個のさいころを同時に180回投げるとき，目の数の和が4以下になる回数が23回以下となる確率を求めよ。

検印

# 21 母集団と標本

▶教 p.78〜80



**POINT 41**

**全数調査と標本調査・母集団と標本**

集団の全部について調べる調査を**全数調査**といい，集団の中の一部を調べて全体を推測する調査を**標本調査**という。

標本調査において，調査の対象となる集団全体を**母集団**といい，母集団に属する個々の対象を**個体**という。

- **標本**　母集団から取り出された個体の集まり
- **母集団の大きさ**　個体の総数
- **標本の大きさ**　標本に含まれる個体の総数
- **無作為抽出**　どの個体も標本として抽出される確率が等しくなるような抽出方法
  - **復元抽出**　1個取り出すたびにもとにもどし，あらためて1個を取り出す。
  - **非復元抽出**　取り出したものはもとにもどさないで1個ずつ取り出すか，または一度に $n$ 個取り出す。

**例61**　1から5までの数字が1ずつ書かれた5枚のカードを母集団とする。ここから大きさ3の標本を無作為抽出するとき，抽出する順序を区別すると，復元抽出，非復元抽出それぞれにおける標本の選び方は何通りあるか。

解答　復元抽出では　$5^3=125$（通り）　非復元抽出では　${}_5\mathrm{P}_3=60$（通り）

**67**　1から9までの数字が1つずつ書かれた9枚のカードを母集団とする。ここから大きさ2の標本を無作為抽出するとき，抽出する順序を区別すると，復元抽出，非復元抽出それぞれにおける標本の選び方は何通りあるか。

## POINT 42
**母集団分布**

母集団の性質を**特性**といい，数量的に表される特性を**変量**という。
変量 $X$ は確率変数であり，$X$ の確率分布を**母集団分布**という。
また，$X$ の期待値，分散，標準偏差を，それぞれ**母平均**，**母分散**，**母標準偏差**といい，
$m$，$\sigma^2$，$\sigma$ で表す。

**例 62** あるクイズに参加した 10 人のうち，得点が 1，2，3，4 であった人数は，順に 4 人，3 人，2 人，1 人であった。この 10 人を母集団とし，得点を変量 $X$ とするとき，$X$ の母平均 $m$，母分散 $\sigma^2$，母標準偏差 $\sigma$ を求めよ。

解答 母集団分布は右の表のようになる。

| $X$ | 1 | 2 | 3 | 4 | 計 |
|---|---|---|---|---|---|
| $P$ | $\frac{4}{10}$ | $\frac{3}{10}$ | $\frac{2}{10}$ | $\frac{1}{10}$ | 1 |

母平均 $m$，母分散 $\sigma^2$，母標準偏差 $\sigma$ は

$$m=1\cdot\frac{4}{10}+2\cdot\frac{3}{10}+3\cdot\frac{2}{10}+4\cdot\frac{1}{10}=2$$

$$\sigma^2=\left(1^2\cdot\frac{4}{10}+2^2\cdot\frac{3}{10}+3^2\cdot\frac{2}{10}+4^2\cdot\frac{1}{10}\right)-2^2=1$$

$$\sigma=\sqrt{1}=1$$

**68A** あるクイズに参加した 10 人のうち，得点が 1，2，3 であった人数は，順に 5 人，4 人，1 人であった。この 10 人を母集団とし，得点を変量 $X$ とするとき，$X$ の母平均 $m$，母分散 $\sigma^2$，母標準偏差 $\sigma$ を求めよ。

**68B** 1 から 9 までの数字が 1 つずつ書かれた 9 枚のカードがある。この 9 枚のカードを母集団とし，カードに書かれた数が偶数ならば $X=1$，奇数ならば $X=-1$ とするとき，$X$ の母平均 $m$，母分散 $\sigma^2$，母標準偏差 $\sigma$ を求めよ。

検印

## 22 標本平均の分布

▶教 p.81〜86



**POINT 43**
**標本平均の期待値と標準偏差**

母平均 $m$，母標準偏差 $\sigma$ の母集団から無作為抽出した大きさ $n$ の標本の値を $X_1$，$X_2$，……，$X_n$ とするとき，$\overline{X}=\dfrac{X_1+X_2+\cdots\cdots+X_n}{n}$ を標本平均という。
標本平均 $\overline{X}$ は確率変数であり，期待値 $E(\overline{X})$ と標準偏差 $\sigma(\overline{X})$ は

$$E(\overline{X})=m,\quad \sigma(\overline{X})=\frac{\sigma}{\sqrt{n}}$$

**例 63** 1，2，3，4，5 の数字が 1 つずつ書かれた 5 枚のカードから 2 枚のカードを無作為抽出するとき，書かれた数の標本平均 $\overline{X}$ の期待値 $E(\overline{X})$ と標準偏差 $\sigma(\overline{X})$ を求めよ。

解答 1 から 5 までの数字が 1 つずつ書かれた 5 枚のカードを母集団とすると，母集団分布は下の表のようになる。よって，母平均 $m$，母分散 $\sigma^2$，母標準偏差 $\sigma$ は

$$m=1\cdot\frac{1}{5}+2\cdot\frac{1}{5}+3\cdot\frac{1}{5}+4\cdot\frac{1}{5}+5\cdot\frac{1}{5}=3$$

$$\sigma^2=\left(1^2\cdot\frac{1}{5}+2^2\cdot\frac{1}{5}+3^2\cdot\frac{1}{5}+4^2\cdot\frac{1}{5}+5^2\cdot\frac{1}{5}\right)-3^2=2$$

$$\sigma=\sqrt{2}$$

| $X$ | 1 | 2 | 3 | 4 | 5 | 計 |
|---|---|---|---|---|---|---|
| $P$ | $\frac{1}{5}$ | $\frac{1}{5}$ | $\frac{1}{5}$ | $\frac{1}{5}$ | $\frac{1}{5}$ | 1 |

したがって，大きさ 2 の標本平均 $\overline{X}$ の期待値 $E(\overline{X})$ と標準偏差 $\sigma(\overline{X})$ は

$$E(\overline{X})=m=3,\quad \sigma(\overline{X})=\frac{\sigma}{\sqrt{2}}=\frac{\sqrt{2}}{\sqrt{2}}=1$$

**69A** 1，2，3，4 の数字が書かれた球が，それぞれ 1 個，2 個，3 個，4 個の合計 10 個ある。この 10 個の球が入っている袋から 2 個の球を無作為抽出するとき，書かれた数の標本平均 $\overline{X}$ の期待値 $E(\overline{X})$ と標準偏差 $\sigma(\overline{X})$ を求めよ。

**69B** 1，2，3 の数字が書かれたカードが，それぞれ 1 枚，2 枚，2 枚の合計 5 枚ある。この 5 枚のカードから 2 枚のカードを無作為抽出するとき，書かれた数の標本平均 $\overline{X}$ の期待値 $E(\overline{X})$ と標準偏差 $\sigma(\overline{X})$を求めよ。

**POINT 44**
**標本平均の分布**

母平均 $\boldsymbol{m}$，母標準偏差 $\sigma$ の母集団から大きさ $\boldsymbol{n}$ の標本を無作為抽出するとき，$\boldsymbol{n}$ が大きければ，標本平均 $\overline{X}$ は近似的に正規分布 $N\left(m,\ \dfrac{\sigma^2}{n}\right)$ に従うとみなせる。

**例 64** 平均値 54 点，標準偏差 12 点の試験の答案から，36 枚の答案を無作為抽出する。このとき，得点の標本平均が 51 点以上 58 点以下である確率を求めよ。

解答 得点の標本平均を $\overline{X}$ とすると，$\overline{X}$ は正規分布 $N\left(54,\ \dfrac{12^2}{36}\right)$ すなわち，正規分布 $N(54,\ 2^2)$ に従うとみなせる。

よって $Z=\dfrac{\overline{X}-54}{2}$ とおくと，$Z$ は標準正規分布 $N(0,\ 1)$ に従う。

$\overline{X}=51$ のとき $Z=-1.5$，$\overline{X}=58$ のとき $Z=2$ であるから

$$\begin{aligned}P(51 \leqq \overline{X} \leqq 58) &= P(-1.5 \leqq Z \leqq 2)\\ &= P(-1.5 \leqq Z \leqq 0)+P(0 \leqq Z \leqq 2)\\ &= P(0 \leqq Z \leqq 1.5)+P(0 \leqq Z \leqq 2)\\ &= 0.4332+0.4772=0.9104\end{aligned}$$

## ROUND 2

**70A** 平均値 50 点，標準偏差 20 点の試験の答案から，100 枚の答案を無作為抽出する。このとき，得点の標本平均が 46 点以上 54 点以下である確率を求めよ。

**70B** 平均値 50 点，標準偏差 10 点の試験の答案から，25 枚の答案を無作為抽出する。このとき，得点の標本平均が 48 点以下である確率を求めよ。

検印

# 23 推定

▶教 p.87〜91



**POINT 45**
**母平均の推定**

母標準偏差 $\sigma$ の母集団から大きさ $n$ の標本を無作為抽出するとき，$n$ が大きければ，母平均 $m$ に対する信頼度 95% の信頼区間は

$$\overline{X}-1.96\times\frac{\sigma}{\sqrt{n}} \leqq m \leqq \overline{X}+1.96\times\frac{\sigma}{\sqrt{n}}$$

標本の大きさ $n$ が大きければ，標本の標準偏差を用いて母平均を推定してもよい。

**例 65** 母標準偏差 $\sigma=7.5$ である母集団から，大きさ 100 の標本を無作為抽出したところ，標本平均が 45.6 であった。母平均 $m$ に対する信頼度 95% の信頼区間を求めよ。

**解答** $1.96\times\frac{7.5}{\sqrt{100}} \fallingdotseq 1.5$ であるから，信頼度 95% の信頼区間は

$45.6-1.5 \leqq m \leqq 45.6+1.5$ より　$44.1 \leqq m \leqq 47.1$

**71** 母標準偏差 $\sigma=6.0$ である母集団から，大きさ 144 の標本を無作為抽出したところ，標本平均が 38 であった。母平均 $m$ に対する信頼度 95% の信頼区間を求めよ。

**例 66** ある養鶏場で，900 個の卵を無作為抽出して重さを調べたところ，平均値 61.3 g，標準偏差 6.0 g であった。この養鶏場の卵全体における重さの平均値 $m$ を，信頼度 95% で推定せよ。

**解答** 母標準偏差 $\sigma$ のかわりに標本の標準偏差 6.0 を用いる。

標本の大きさ $n=900$ であるから　$1.96\times\frac{6.0}{\sqrt{900}} \fallingdotseq 0.4$

標本平均 $\overline{X}=61.3$ より，母平均 $m$ に対する信頼度 95% の信頼区間は

$61.3-0.4 \leqq m \leqq 61.3+0.4$

すなわち　$60.9 \leqq m \leqq 61.7$

よって，卵全体における重さの平均値は，信頼度 95% で 60.9 g 以上 61.7 g 以下と推定される。

**72** A 社の石けん 100 個を購入してその重さを調べたところ，平均値 51.0 g，標準偏差 5 g であった。A 社の石けんの重さの平均値 $m$ を，信頼度 95% で推定せよ。

## POINT 46 母比率の推定

**母比率**　母集団において，ある性質 A をもつものの割合

**標本比率**　母集団から取り出した標本において，性質 A をもつものの割合

標本の大きさ $n$ が大きいとき，標本比率を $\overline{p}$ とすると，母比率 $p$ に対する信頼度 95% の信頼区間は

$$\overline{p}-1.96\sqrt{\frac{\overline{p}(1-\overline{p})}{n}} \leqq p \leqq \overline{p}+1.96\sqrt{\frac{\overline{p}(1-\overline{p})}{n}}$$

**例 67**　ある工場で，多数の製品の中から 600 個を無作為抽出して検査したところ，24 個の不良品が含まれていた。この工場の製品全体の不良品の比率 $p$ を，信頼度 95% で推定せよ。

解答　標本の大きさ　$n=600$,　　標本比率　$\overline{p}=\dfrac{24}{600}=0.04$

であるから　$1.96\times\sqrt{\dfrac{0.04\times0.96}{600}}\fallingdotseq 0.016$

よって，母比率 $p$ の信頼度 95% の信頼区間は

$$0.04-0.016 \leqq p \leqq 0.04+0.016$$

すなわち　$0.024 \leqq p \leqq 0.056$

したがって，製品全体の不良品の比率は，信頼度 95% で 0.024 以上 0.056 以下と推定される。

**73A**　あるさいころを 300 回投げたら，1 の目が 75 回出た。このさいころの 1 の目が出る母比率 $p$ を信頼度 95% で推定せよ。

**73B**　ある政策について，350 人を無作為抽出して賛否を聞いたところ，252 人が賛成であると答えた。この政策に賛成する割合 $p$ を信頼度 95% で推定せよ。

検印

# 24 仮説検定

▶教 p.92〜95



**POINT 47**
**仮説検定**

**仮説検定**　母集団についての仮説が誤りかどうかを次のようにして判断する。

1 母集団について仮説をたてる。この仮説を**帰無仮説**という。
帰無仮説と対立する仮説を**対立仮説**という。

2 帰無仮説が誤りかどうか確率を用いて判断する。
帰無仮説が誤りと判断されることを，帰無仮説が**棄却される**という。
帰無仮説を棄却する判断の基準となる確率を**有意水準**といい，百分率で表す。
有意水準以下となる確率変数の値の範囲を**棄却域**という。

3 (i) 標本の値が棄却域に入れば帰無仮説は**棄却される**。
(ii) 標本の値が棄却域に入らなければ帰無仮説は**棄却されない**。
このとき，帰無仮説は正しいとも誤りともいえない。

**例 68**　さいころを 11 回投げるとき，偶数の目が出る回数を $X$ とすると，$X$ は二項分布 $B\left(11,\ \dfrac{1}{2}\right)$ に従い，確率分布は小数第 5 位を四捨五入すると右の表のようになる。さいころを 11 回投げて，偶数の目が 1 回以下または 10 回以上出たとき，さいころは正しくつくられているといえるか。有意水準 5 % で仮説検定せよ。

| $X$ | $P$ |
|---|---|
| 0 | 0.0005 |
| 1 | 0.0054 |
| 2 | 0.0269 |
| 3 | 0.0806 |
| 4 | 0.1611 |
| 5 | 0.2255 |
| 6 | 0.2255 |
| 7 | 0.1611 |
| 8 | 0.0806 |
| 9 | 0.0269 |
| 10 | 0.0054 |
| 11 | 0.0005 |
| 計 | 1 |

解答　帰無仮説は「さいころは正しくつくられている」であり，対立仮説は「さいころは正しくつくられていない」である。

$$P(X \leqq 1) + P(X \geqq 10) = 0.0118 < 0.05$$

したがって，偶数の目が 1 回以下または 10 回以上出たとき，帰無仮説は棄却され，対立仮説が正しいと判断できる。
すなわち，「さいころは正しくつくられていない」といえる。

**74**　10 本のくじの中に，当たりが 3 本入っているくじから復元抽出で 1 本ずつ 8 回くじを引くとき，当たりを引いた回数を $X$ とすると，$X$ は二項分布 $B\left(8,\ \dfrac{3}{10}\right)$ に従い，確率分布は小数第 6 位を四捨五入すると，右の表のようになる。「10 本のくじの中に，当たりは 3 本だけ入っている」といわれているくじを復元抽出で 1 本ずつ 8 回引いて，6 回以上当たりを引いたとき，「10 本のくじの中に，当たりは 3 本だけ入っている」は正しいといえるか。有意水準 5 % で仮説検定せよ。

| $X$ | $P$ |
|---|---|
| 0 | 0.05765 |
| 1 | 0.19765 |
| 2 | 0.29648 |
| 3 | 0.25412 |
| 4 | 0.13613 |
| 5 | 0.04668 |
| 6 | 0.01000 |
| 7 | 0.00122 |
| 8 | 0.00007 |
| 計 | 1 |

## POINT 48 正規分布の棄却域

帰無仮説にもとづいた確率変数 $X$ の母集団分布が正規分布 $N(m,\ \sigma^2)$ に従うとき，
有意水準 5 % の棄却域は　$X \leqq m-1.96\sigma,\ m+1.96\sigma \leqq X$

**例 69** ある工場で製造される製品の長さは，平均 150.6 cm，標準偏差 3.2 cm の正規分布に従うという。ある日，この製品 64 個を無作為抽出して長さを調べたところ，平均値は 149.3 cm であった。
この日の製品は異常であるといえるか。有意水準 5 % で仮説検定せよ。

**解答** 帰無仮説を「この日の製品は異常でない」とする。
帰無仮説が正しければ，この日の製品の長さ $X$ cm は正規分布 $N(150.6,\ 3.2^2)$ に従う。
このとき，標本平均 $\overline{X}$ は正規分布 $N\left(150.6,\ \dfrac{3.2^2}{64}\right)$ に従う。
よって，有意水準 5 % の棄却域は

$$\overline{X} \leqq 150.6-1.96\times\frac{3.2}{\sqrt{64}},\qquad 150.6+1.96\times\frac{3.2}{\sqrt{64}} \leqq \overline{X}$$

より　$\overline{X} \leqq 149.816,\quad 151.384 \leqq \overline{X}$
$\overline{X}=149.3$ は棄却域に入るから，帰無仮説は棄却される。
すなわち，この日の製品は異常であるといえる。

**75A** あるファーストフードグループで注文を受けてから商品を渡すまでの時間は，平均 5 分，標準偏差 1 分の正規分布に従うという。この時間を店員数が 16 人の A 店で調べたところ，平均値は 5.5 分であった。この平均値は，グループ全体と比べて違いがあるといえるか。有意水準 5 % で仮説検定せよ。

**75B** 学校保健統計調査によると，全国の 17 歳男子の身長は平均約 170.9 cm，標準偏差 5.8 cm の正規分布に従うという。
あるスポーツクラブの 17 歳男子 25 人の身長は平均 173.5 cm であった。この平均値は，全国と比べて違いがあるといえるか。有意水準 5 % で仮説検定せよ。

**POINT 49**
**正規分布による近似を用いた仮説検定**

帰無仮説にもとづいた確率変数 $X$ が二項分布 $B(n,\ p)$ に従うとき，$n$ が大きければ，$X$ は近似的に正規分布 $N(np,\ npq)$ に従う。ただし，$q=1-p$

**例 70** ある菓子には当たりくじがついており，「当たる確率は $\frac{1}{4}$ である」と宣伝している。この菓子を 300 個買って調べたら，当たりは 60 個であった。「当たる確率は $\frac{1}{4}$ である」という宣伝は正しいといえるか。有意水準 5 % で仮説検定せよ。

解答　帰無仮説を「当たる確率は $\frac{1}{4}$ である」とする。帰無仮説が正しければ，当たる確率は $\frac{1}{4}$ であるから，300 個中当たりが入っている個数を $X$ とすると，$X$ は二項分布 $B\left(300,\ \frac{1}{4}\right)$ に従う。ゆえに，$X$ の期待値 $m$ と標準偏差 $\sigma$ は

$$m=300\times\frac{1}{4}=75,\qquad \sigma=\sqrt{300\times\frac{1}{4}\times\frac{3}{4}}=7.5$$

であるから，$X$ は近似的に正規分布 $N(75,\ 7.5^2)$ に従う。よって，有意水準 5 % の棄却域は

$$X\leqq 75-1.96\times7.5,\qquad 75+1.96\times7.5\leqq X$$

より　$X\leqq 60.3,\quad 89.7\leqq X$

$X=60$ は棄却域に入るから，帰無仮説は棄却される。

すなわち，当たる確率は $\frac{1}{4}$ ではないといえる。

## ROUND 2

**76** ある機械が製造する製品には 2 % の不良品が含まれるという。
ある日，この製品 400 個を無作為抽出して調べたところ，不良品が 15 個含まれていた。この日の機械には異常があるといえるか。有意水準 5 % で仮説検定せよ。

## 例題 4　正規分布の利用

ある資格試験における受験者全体の成績の結果は，平均値 61.3 点，標準偏差 15 点であった。得点の分布を正規分布とみなすとき，次の問いに答えよ。

(1)　得点が 54.7 点以上の受験者は，受験者全体のおよそ何 % いるか。

(2)　得点が 54.7 点以上の受験者が 396 人いたとき，受験者の総数はおよそ何人か。

解答　(1)　得点を $X$ 点とすると，$X$ は正規分布 $N(61.3,\ 15^2)$ に従う。

$Z=\dfrac{X-61.3}{15}$ とおくと，$Z$ は標準正規分布 $N(0,\ 1)$ に従う。

$X=54.7$ のとき，$Z=\dfrac{54.7-61.3}{15}=-0.44$ であるから

$P(54.7 \leqq X)=P(-0.44 \leqq Z)=P(0 \leqq Z)+P(0 \leqq Z \leqq 0.44)$

$=0.5+0.1700=0.6700$

よって，得点が 54.7 点以上の受験者は，受験者全体の**およそ 67 %** いる。 答

(2)　受験者の総数を $n$ 人とすると，(1)より　$0.6700n=396$　であるから　$n=591.0\cdots$

よって，受験者の総数は，**およそ 591 人**である。 答

**77**　ある高校の 2 年生男子全体の身長を調べたところ，平均値 170 cm，標準偏差 5 cm であった。身長の分布を正規分布とみなすとき，次の問いに答えよ。

(1)　身長が 179.8 cm 以上の生徒は，2 年生男子全体のおよそ何 % いるか。

(2)　身長が 179.8 cm 以上の生徒が 6 人いたとき，2 年生男子の総数はおよそ何人か。

## 例題 5　推定の利用

全国の 5 歳児の身長の標準偏差は 5 cm であるという。5 歳児の身長の平均値を信頼度 95% で推定したい。信頼区間の幅を 1.4 cm 以内にするためには，何人以上調べればよいか。

解答　全国の 5 歳児の身長を $X$ cm とすると，大きさ $n$ の標本を無作為抽出するときの母平均 $m$ に対する信頼度 95% の信頼区間は $\overline{X}-1.96\times\dfrac{5}{\sqrt{n}} \leqq m \leqq \overline{X}+1.96\times\dfrac{5}{\sqrt{n}}$ であるから，

信頼区間の幅は　$2\times1.96\times\dfrac{5}{\sqrt{n}}$

よって　$2\times1.96\times\dfrac{5}{\sqrt{n}} \leqq 1.4$ より　$\sqrt{n} \geqq \dfrac{2\times1.96\times5}{1.4}$

$n \geqq 196$

したがって，**196 人以上**調べればよい。　答

**78**　ある工場で生産される菓子の重さの標準偏差は 9 g であるという。菓子の重さの平均値を信頼度 95% で推定したい。信頼区間の幅を 4.2 g 以内にするためには，何個以上調べればよいか。

# 解答

**1A** $a_1=1$
$a_2=4$
$a_3=7$
$a_4=10$

**1B** $a_1=-1$
$a_2=2$
$a_3=7$
$a_4=14$

**2A** $a_n=3n$

**2B** $a_n=n^2$

**3A** (1) 初項 1，公差 4
(2) 初項 $-12$，公差 5

**3B** (1) 初項 8，公差 $-3$
(2) 初項 1，公差 $-\frac{4}{3}$

**4A** (1) $a_n=2n+1$，$a_{10}=21$
(2) $a_n=\frac{1}{2}n+\frac{1}{2}$，$a_{10}=\frac{11}{2}$

**4B** (1) $a_n=-3n+13$，$a_{10}=-17$
(2) $a_n=-\frac{1}{2}n-\frac{3}{2}$，$a_{10}=-\frac{13}{2}$

**5A** 第 32 項

**5B** 第 20 項

**6A** $a_n=7n-28$

**6B** $a_n=-3n+23$

**7A** 第 68 項

**7B** 第 333 項

**8A** $x=7$

**8B** $x=1$

**9A** (1) 2100
(2) 611

**9B** (1) 360
(2) $-120$

**10A** (1) 240
(2) $-182$

**10B** (1) $-370$
(2) 150

**11A** (1) 820
(2) $-285$

**11B** (1) 837
(2) $-\frac{11}{6}$

**12A** 1830

**12B** 400

**13A** (1) 初項 3，公比 2
(2) 初項 2，公比 $-3$

**13B** (1) 初項 2，公比 $\frac{2}{5}$
(2) 初項 4，公比 $\sqrt{3}$

**14A** (1) $a_n=4\times3^{n-1}$，$a_5=324$
(2) $a_n=-(-2)^{n-1}$，$a_5=-16$

**14B** (1) $a_n=4\times\left(-\frac{1}{3}\right)^{n-1}$，$a_5=\frac{4}{81}$
(2) $a_n=5\times(-\sqrt{2})^{n-1}$，$a_5=20$

**15A** $a_n=3\times2^{n-1}$　または　$a_n=3\times(-2)^{n-1}$

**15B** $a_n=3\times2^{n-1}$

**16A** $x=\pm6$

**16B** $x=\pm10$

**17A** (1) 364
(2) $-42$

**17B** (1) $\frac{665}{8}$
(2) $-\frac{182}{243}$

**18A** (1) $\frac{1}{2}(3^n-1)$
(2) $243\left\{1-\left(\frac{2}{3}\right)^n\right\}$

**18B** (1) $\frac{2}{3}\{1-(-2)^n\}$
(2) $16\left\{\left(\frac{3}{2}\right)^n-1\right\}$

**19A** $a=\frac{5}{7}$，$r=2$

**19B** $a=3$，$r=4$ または $a=-5$，$r=-4$

**20A** (1) $3+5+7+9+11$
(2) $2\cdot3+3\cdot4+4\cdot5+\cdots\cdots+(n+1)(n+2)$

**20B** (1) $3+9+27+81+243+729$
(2) $3^2+4^2+5^2+\cdots\cdots+(n+1)^2$

**21A** $\sum_{k=1}^{8}(3k+2)$

**21B** $\sum_{k=1}^{10}4^k$

**22A** (1) 28
(2) 91

**22B** (1) 78
(2) 385

**23A** (1) 765
(2) 2046

**23B** (1) 1456
(2) $2\left\{1-\left(\frac{1}{2}\right)^n\right\}$

**24A** (1) $n(n-4)$
(2) $\frac{1}{3}n(n+2)(n-2)$
(3) $\frac{1}{2}n(n-1)(2n+3)$

**24B** (1) $\frac{1}{2}n(3n+11)$

(2) $\frac{1}{3}n(2n^2-3n+4)$

(3) $\frac{1}{6}n(n-1)(2n-1)$

**25A** (1) $(n-1)(n+3)$

(2) $\frac{1}{3}(n-1)(n+1)(n+3)$

**25B** (1) $\frac{1}{2}(n-1)(3n-2)$

(2) $\frac{1}{3}(n-1)(n^2-2n-6)$

**26A** (1) $\frac{1}{3}n(n^2+6n+11)$

(2) $\frac{1}{2}n(4n^2+n-1)$

**26B** (1) $\frac{1}{2}n(n+1)(2n+3)$

(2) $\frac{1}{3}n(4n^2+12n+11)$

**27A** (1) $b_n=n$

(2) $b_n=-2n+7$

(3) $b_n=3^{n-1}$

**27B** (1) $b_n=2n$

(2) $b_n=2^n$

(3) $b_n=(-3)^{n-1}$

**28A** (1) $a_n=\frac{3}{2}n^2-\frac{5}{2}n+2$

(2) $a_n=\frac{3^{n-1}-5}{2}$

**28B** (1) $a_n=2n^2-5n+4$

(2) $a_n=2^n-3$

**29A** (1) $a_n=2n-4$

(2) $a_n=2\times3^{n-1}$

**29B** (1) $a_n=6n+1$

(2) $a_n=3\times4^n$

**30A** $\frac{n}{4n+1}$

**30B** $\frac{n}{2(3n+2)}$

**31** $\frac{(2n-1)\cdot3^n+1}{2}$

**32** (1) $2m^2-2m+1$

(2) $m(2m^2-1)$

**33A** (1) $a_2=5$
$a_3=8$
$a_4=11$
$a_5=14$

(2) $a_2=11$
$a_3=25$
$a_4=53$
$a_5=109$

**33B** (1) $a_2=-6$
$a_3=12$
$a_4=-24$
$a_5=48$

(2) $a_2=2$
$a_3=8$
$a_4=33$
$a_5=148$

**34A** (1) $a_n=6n-4$

(2) $a_n=5\times3^{n-1}$

**34B** (1) $a_n=-4n+19$

(2) $a_n=8\times\left(\frac{3}{2}\right)^{n-1}$

**35A** (1) $a_n=\frac{1}{2}n^2+\frac{1}{2}n$

(2) $a_n=\frac{1}{3}n^3-\frac{1}{2}n^2+\frac{1}{6}n+1$

**35B** (1) $a_n=\frac{3}{2}n^2+\frac{1}{2}n+1$

(2) $a_n=n^3-2n^2+n+2$

**36A** $a_{n+1}-1=2(a_n-1)$

**36B** $a_{n+1}+2=-3(a_n+2)$

**37A** (1) $a_n=4^{n-1}+1$

(2) $a_n=-3\left(\frac{3}{4}\right)^{n-1}+4$

**37B** (1) $a_n=4\cdot3^{n-1}-1$

(2) $a_n=-\frac{2}{3}\left(-\frac{1}{2}\right)^{n-1}+\frac{2}{3}$

**38A** (1) $3+5+7+\cdots\cdots+(2n+1)=n(n+2)$ ……①

とおく。

[I] $n=1$ のとき

(左辺)$=3$, (右辺)$=1\cdot3=3$

よって, $n=1$ のとき, ①は成り立つ。

[II] $n=k$ のとき, ①が成り立つと仮定すると

$3+5+7+\cdots\cdots+(2k+1)=k(k+2)$

この式を用いると, $n=k+1$ のときの①の左辺は

$3+5+7+\cdots\cdots+(2k+1)+\{2(k+1)+1\}$
$=k(k+2)+(2k+3)$
$=k^2+4k+3$
$=(k+1)(k+3)$
$=(k+1)\{(k+1)+2\}$

よって, $n=k+1$ のときも①は成り立つ。

[I], [II]から, すべての自然数 $n$ について①が成り立つ。

(2) $\frac{1}{1\cdot2}+\frac{1}{2\cdot3}+\frac{1}{3\cdot4}+\cdots\cdots+\frac{1}{n(n+1)}=\frac{n}{n+1}$ ……①

とおく。

[I] $n=1$ のとき

(左辺)$=\frac{1}{1\cdot2}=\frac{1}{2}$

(右辺)$=\frac{1}{1+1}=\frac{1}{2}$

よって，$n=1$ のとき①は成り立つ。

[II]　$n=k$ のとき，①が成り立つと仮定すると

$$\frac{1}{1\cdot2}+\frac{1}{2\cdot3}+\frac{1}{3\cdot4}+\cdots\cdots+\frac{1}{k(k+1)}=\frac{k}{k+1}$$

この式を用いると，$n=k+1$ のときの①の左辺は

$$\frac{1}{1\cdot2}+\frac{1}{2\cdot3}+\frac{1}{3\cdot4}+\cdots\cdots+\frac{1}{k(k+1)}+\frac{1}{(k+1)(k+2)}$$

$$=\frac{k}{k+1}+\frac{1}{(k+1)(k+2)}$$

$$=\frac{k(k+2)+1}{(k+1)(k+2)}$$

$$=\frac{k^2+2k+1}{(k+1)(k+2)}$$

$$=\frac{(k+1)^2}{(k+1)(k+2)}$$

$$=\frac{k+1}{k+2}$$

$$=\frac{k+1}{(k+1)+1}$$

よって，$n=k+1$ のときも①は成り立つ。

[I]，[II]から，すべての自然数 $n$ について①が成り立つ。

(3)　$1^3+2^3+3^3+\cdots\cdots+n^3=\left\{\frac{1}{2}n(n+1)\right\}^2$　……①

とおく。

[I]　$n=1$ のとき

(左辺)$=1^3=1$，(右辺)$=\left\{\frac{1}{2}\cdot1\cdot(1+1)\right\}^2=1$

よって，$n=1$ のとき，①は成り立つ。

[II]　$n=k$ のとき，①が成り立つと仮定すると

$$1^3+2^3+3^3+\cdots\cdots+k^3=\left\{\frac{1}{2}k(k+1)\right\}^2$$

この式を用いると，$n=k+1$ のときの①の左辺は

$$1^3+2^3+3^3+\cdots\cdots+k^3+(k+1)^3$$

$$=\left\{\frac{1}{2}k(k+1)\right\}^2+(k+1)^3$$

$$=\frac{1}{4}k^2(k+1)^2+(k+1)^3$$

$$=\frac{1}{4}(k+1)^2\{k^2+4(k+1)\}$$

$$=\frac{1}{4}(k+1)^2(k^2+4k+4)$$

$$=\frac{1}{4}(k+1)^2(k+2)^2$$

$$=\frac{1}{4}(k+1)^2\{(k+1)+1\}^2$$

$$=\left[\frac{1}{2}(k+1)\{(k+1)+1\}\right]^2$$

よって，$n=k+1$ のときも①は成り立つ。

[I]，[II]から，すべての自然数 $n$ について①が成り立つ。

**38B**　(1)　$1+2+2^2+\cdots\cdots+2^{n-1}=2^n-1$　……①

とおく。

[I]　$n=1$ のとき

(左辺)$=1$，(右辺)$=2^1-1=1$

よって，$n=1$ のとき，①は成り立つ。

[II]　$n=k$ のとき，①が成り立つと仮定すると

$$1+2+2^2+\cdots\cdots+2^{k-1}=2^k-1$$

この式を用いると，$n=k+1$ のときの①の左辺は

$$1+2+2^2+\cdots\cdots+2^{k-1}+2^{(k+1)-1}$$

$$=(2^k-1)+2^k$$

$$=2\cdot2^k-1$$

$$=2^{k+1}-1$$

よって，$n=k+1$ のときも①は成り立つ。

[I]，[II]から，すべての自然数 $n$ について①が成り立つ。

(2)　$1\cdot3+2\cdot4+3\cdot5+\cdots\cdots+n(n+2)$

$=\frac{1}{6}n(n+1)(2n+7)$　……①　とおく。

[I]　$n=1$ のとき

(左辺)$=1\cdot3=3$，(右辺)$=\frac{1}{6}\cdot1\cdot2\cdot9=3$

よって，$n=1$ のとき，①は成り立つ。

[II]　$n=k$ のとき，①が成り立つと仮定すると

$$1\cdot3+2\cdot4+3\cdot5+\cdots\cdots+k(k+2)$$

$$=\frac{1}{6}k(k+1)(2k+7)$$

この式を用いると，$n=k+1$ のときの①の左辺は

$$1\cdot3+2\cdot4+3\cdot5+\cdots\cdots+k(k+2)+(k+1)\{(k+1)+2\}$$

$$=\frac{1}{6}k(k+1)(2k+7)+(k+1)(k+3)$$

$$=\frac{1}{6}(k+1)\{k(2k+7)+6(k+3)\}$$

$$=\frac{1}{6}(k+1)(2k^2+13k+18)$$

$$=\frac{1}{6}(k+1)(k+2)(2k+9)$$

$$=\frac{1}{6}(k+1)\{(k+1)+1\}\{2(k+1)+7\}$$

よって，$n=k+1$ のときも①は成り立つ。

[I]，[II]から，すべての自然数 $n$ について①が成り立つ。

(3)　$1\cdot2\cdot3+2\cdot3\cdot4+\cdots\cdots+n(n+1)(n+2)$

$=\frac{1}{4}n(n+1)(n+2)(n+3)$　……①

とおく。

[I]　$n=1$ のとき

(左辺)$=1\cdot2\cdot3=6$

(右辺)$=\frac{1}{4}\cdot1\cdot(1+1)(1+2)(1+3)$

$=6$

よって，$n=1$ のとき，①は成り立つ。

[II]　$n=k$ のとき，①が成り立つと仮定すると
$1\cdot2\cdot3+2\cdot3\cdot4+\cdots\cdots+k(k+1)(k+2)$
$=\frac{1}{4}k(k+1)(k+2)(k+3)$
この式を用いると，$n=k+1$ のときの①の左辺は
$1\cdot2\cdot3+2\cdot3\cdot4+\cdots\cdots+k(k+1)(k+2)$
$+(k+1)(k+2)(k+3)$
$=\frac{1}{4}k(k+1)(k+2)(k+3)$
$+(k+1)(k+2)(k+3)$
$=\frac{1}{4}(k+1)(k+2)(k+3)(k+4)$
$=\frac{1}{4}(k+1)\{(k+1)+1\}\{(k+1)+2\}\{(k+1)+3\}$
よって，$n=k+1$ のときも①は成り立つ。
[I]，[II]から，すべての自然数 $n$ について①が成り立つ。

**39A**　命題「$6^n-1$ は 5 の倍数である」を①とする。
[I]　$n=1$ のとき　$6^1-1=5$
よって，$n=1$ のとき，①は成り立つ。
[II]　$n=k$ のとき，①が成り立つと仮定すると，整数 $m$ を用いて
$6^k-1=5m$
と表される。
この式を用いると，$n=k+1$ のとき
$6^{k+1}-1=6\cdot6^k-1$
$=6(5m+1)-1$
$=30m+5$
$=5(6m+1)$
$6m+1$ は整数であるから，$6^{k+1}-1$ は 5 の倍数である。
よって，$n=k+1$ のときも①は成り立つ。
[I]，[II]から，すべての自然数 $n$ について①が成り立つ。

**39B**　命題「$7^n+5$ は 6 の倍数である」を①とする。
[I]　$n=1$ のとき　$7^1+5=12$
よって，$n=1$ のとき，①は成り立つ。
[II]　$n=k$ のとき，①が成り立つと仮定すると，整数 $m$ を用いて
$7^k+5=6m$
と表される。
この式を用いると，$n=k+1$ のとき
$7^{k+1}+5=7\cdot7^k+5$
$=7(6m-5)+5$
$=42m-30$
$=6(7m-5)$
$7m-5$ は整数であるから，$7^{k+1}+5$ は 6 の倍数である。
よって，$n=k+1$ のときも①は成り立つ。
[I]，[II]から，すべての自然数 $n$ について①が成り立つ。

**40**　$4^n>6n+3$ ……①　とおく。
[I]　$n=2$ のとき
(左辺)$=4^2=16$，(右辺)$=6\cdot2+3=15$
よって，$n=2$ のとき，①は成り立つ。
[II]　$k\geqq2$ として，$n=k$ のとき①が成り立つと仮定すると
$4^k>6k+3$
この式を用いて，$n=k+1$ のときも①が成り立つこと，すなわち
$4^{k+1}>6(k+1)+3$ ……②
が成り立つことを示せばよい。
②の両辺の差を考えると
(左辺)$-$(右辺)$=4^{k+1}-6(k+1)-3$
$=4\cdot4^k-6k-9$
$>4(6k+3)-6k-9$
$=18k+3$
ここで，$k\geqq2$ であるから
$18k+3>0$
よって，②が成り立つから，$n=k+1$ のときも①は成り立つ。
[I]，[II]から，2 以上のすべての自然数 $n$ について①が成り立つ。

## 演習問題

**41**　$a_n=3^n-1$

**42**　**第 12 項までの和**
また，そのときの和 $S$ は **498**

**43**　$\frac{\sqrt{2n+3}-\sqrt{3}}{2}$

**44A**

| $X$ | 1 | 2 | 3 | 4 | 計 |
|---|---|---|---|---|---|
| $P$ | $\frac{1}{10}$ | $\frac{2}{10}$ | $\frac{3}{10}$ | $\frac{4}{10}$ | 1 |

**44B**

| $X$ | 0 | 1 | 2 | 3 | 4 | 計 |
|---|---|---|---|---|---|---|
| $P$ | $\frac{1}{16}$ | $\frac{4}{16}$ | $\frac{6}{16}$ | $\frac{4}{16}$ | $\frac{1}{16}$ | 1 |

**45A**

| $X$ | 0 | 1 | 2 | 3 | 4 | 5 | 計 |
|---|---|---|---|---|---|---|---|
| $P$ | $\frac{6}{36}$ | $\frac{10}{36}$ | $\frac{8}{36}$ | $\frac{6}{36}$ | $\frac{4}{36}$ | $\frac{2}{36}$ | 1 |

$P(0\leqq X\leqq2)=\frac{2}{3}$

**45B**

| $X$ | 1 | 2 | 3 | 4 | 5 | 6 | 計 |
|---|---|---|---|---|---|---|---|
| $P$ | $\frac{1}{216}$ | $\frac{7}{216}$ | $\frac{19}{216}$ | $\frac{37}{216}$ | $\frac{61}{216}$ | $\frac{91}{216}$ | 1 |

$P(3\leqq X\leqq5)=\frac{13}{24}$

**46A**　$\frac{5}{2}$

**46B**　$\frac{6}{5}$

**47A**　**10 点**

**47B**　**4 点**

**48A**　(1)　$\frac{7}{2}$　　(2)　$\frac{41}{2}$　　(3)　$\frac{91}{6}$

**48B** (1) $\frac{9}{5}$ (2) $\frac{17}{5}$ (3) $\frac{18}{5}$

**49A** $E(X)=2$
$V(X)=1$
$\sigma(X)=1$

**49B** $E(X)=2$
$V(X)=1$
$\sigma(X)=1$

**50A** $\frac{2\sqrt{5}}{7}$

**50B** 1

**51A** $E(3X+1)=13$
$V(3X+1)=18$
$\sigma(3X+1)=3\sqrt{2}$

**51B** $E(-6X+5)=-25$
$V(-6X+5)=144$
$\sigma(-6X+5)=12$

**52** 期待値は 120 円，標準偏差は $50\sqrt{3}$ 円

**53A** 14

**53B** $\frac{7}{2}$ 枚

**54** $X$，$Y$ は互いに独立である

**55A** (1) 期待値は $\frac{3}{2}$ 枚，分散は $\frac{3}{4}$
(2) $\frac{9}{4}$

**55B** (1) 期待値は 2 枚，分散は 1
(2) 4

**56A** 二項分布 $B\left(5,\ \frac{1}{3}\right)$ に従う

**56B** 二項分布 $B\left(9,\ \frac{1}{36}\right)$ に従う

**57A** $\frac{35}{64}$

**57B** $\frac{1}{9}$

**58A** $E(X)=100$
$V(X)=\frac{200}{3}$
$\sigma(X)=\frac{10\sqrt{6}}{3}$

**58B** $E(X)=\frac{75}{2}$
$V(X)=\frac{225}{8}$
$\sigma(X)=\frac{15\sqrt{2}}{4}$

**59A** $E(X)=\frac{250}{3}$
$V(X)=\frac{625}{9}$
$\sigma(X)=\frac{25}{3}$

**59B** $E(X)=25$
$V(X)=\frac{175}{8}$
$\sigma(X)=\frac{5\sqrt{14}}{4}$

**60A** $E(X)=2$
$V(X)=1.96$
$\sigma(X)=1.4$

**60B** $E(X)=36$
$V(X)=23.04$
$\sigma(X)=4.8$

**61A** $E(X)=225$
$V(X)=\frac{225}{4}$
$\sigma(X)=\frac{15}{2}$

**61B** $E(X)=6$
$V(X)=\frac{144}{25}$
$\sigma(X)=\frac{12}{5}$

**62A** $\frac{9}{16}$

**62B** $\frac{1}{4}$

**63A** (1) 0.4192
(2) 0.7150
(3) 0.2072
(4) 0.1587

**63B** (1) 0.4821
(2) 0.9297
(3) 0.1934
(4) 0.0228

**64A** (1) 0.3830
(2) 0.0228
(3) 0.7257

**64B** (1) 0.1915
(2) 0.3085
(3) 0.0761

**65A** 2.28％

**65B** 0.0013

**66A** 0.8185

**66B** 0.0808

**67** 復元抽出では 81 通り
非復元抽出では 72 通り

**68A** $m=\frac{8}{5}$
$\sigma^2=\frac{11}{25}$
$\sigma=\frac{\sqrt{11}}{5}$

**68B** $m=-\frac{1}{9}$
$\sigma^2=\frac{80}{81}$

$\sigma=\dfrac{4\sqrt{5}}{9}$

**69A** $E(\overline{X})=3$

$\sigma(\overline{X})=\dfrac{\sqrt{2}}{2}$

**69B** $E(\overline{X})=\dfrac{11}{5}$

$\sigma(\overline{X})=\dfrac{\sqrt{7}}{5}$

**70A** 0.9544

**70B** 0.1587

**71** $37.02 \leqq m \leqq 38.98$

**72** 50.0 g 以上 52.0 g 以下

**73A** 0.201 以上 0.299 以下

**73B** 0.673 以上 0.767 以下

**74** 10 本のくじの中に，当たりは 3 本だけではないといえる

**75A** A 店の平均時間は，グループ全体の平均時間と比べて違いがあるといえる

**75B** このスポーツクラブの平均値は，全国と比べて違いがあるといえる

**76** この日の機械には異常があるといえる

## 演習問題

**77** (1) およそ 2.5%

(2) およそ 240 人

**78** 71 個以上

ラウンドノート数学B

●編　者　実教出版編修部

●発行者　小田　良次

●印刷所　寿印刷株式会社

●発行所　実教出版株式会社

〒102-8377
東京都千代田区五番町5
電話＜営業＞(03)3238-7777
＜編修＞(03)3238-7785
＜総務＞(03)3238-7700
https://www.jikkyo.co.jp/

002402023

ISBN 978-4-407-35681-6

# ラウンドノート数学B　解答編

実教出版



## 1章　数列

### 1節　数列とその和

#### 1 数列と一般項

p.2

**1A**　初項は　$a_1=3\times1-2=\mathbf{1}$
第2項は　$a_2=3\times2-2=\mathbf{4}$
第3項は　$a_3=3\times3-2=\mathbf{7}$
第4項は　$a_4=3\times4-2=\mathbf{10}$

**1B**　初項は　$a_1=1^2-2=\mathbf{-1}$
第2項は　$a_2=2^2-2=\mathbf{2}$
第3項は　$a_3=3^2-2=\mathbf{7}$
第4項は　$a_4=4^2-2=\mathbf{14}$

**2A**　$a_1=3\times1$,　$a_2=3\times2$,
$a_3=3\times3$,　$a_4=3\times4$ であるから
$\boldsymbol{a_n=3n}$

**2B**　$a_1=1^2$,　$a_2=2^2$,
$a_3=3^2$,　$a_4=4^2$ であるから
$\boldsymbol{a_n=n^2}$

#### 2 等差数列

p.3

**3A**　(1)　**初項1，公差4**
(2)　**初項 −12，公差5**

**3B**　(1)　**初項8，公差 −3**
(2)　**初項1，公差 $-\frac{4}{3}$**

**4A**　(1)　$a_n=3+(n-1)\times2$
$=\mathbf{2n+1}$
$a_{10}=2\times10+1=\mathbf{21}$

(2)　$a_n=1+(n-1)\times\frac{1}{2}$
$=\boldsymbol{\frac{1}{2}n+\frac{1}{2}}$
$a_{10}=\frac{1}{2}\times10+\frac{1}{2}=\boldsymbol{\frac{11}{2}}$

**4B**　(1)　$a_n=10+(n-1)\times(-3)$
$=\mathbf{-3n+13}$
$a_{10}=-3\times10+13=\mathbf{-17}$

(2)　$a_n=-2+(n-1)\times\left(-\frac{1}{2}\right)$
$=\boldsymbol{-\frac{1}{2}n-\frac{3}{2}}$
$a_{10}=-\frac{1}{2}\times10-\frac{3}{2}=\boldsymbol{-\frac{13}{2}}$

**5A**　$a_n=1+(n-1)\times3=3n-2$
よって，第$n$項が94であるとき
$3n-2=94$
より　$n=32$
したがって，94は**第32項**である。

**5B**　$a_n=50+(n-1)\times(-7)=-7n+57$
よって，第$n$項が −83 であるとき
$-7n+57=-83$
より　$n=20$
したがって，−83は**第20項**である。

**6A**　初項を$a$，公差を$d$とすると，一般項は
$a_n=a+(n-1)d$
第5項が7であるから
$a_5=a+4d=7$　……①
第13項が63であるから
$a_{13}=a+12d=63$　……②
①，②より　$a=-21$，$d=7$
よって，求める一般項は
$a_n=-21+(n-1)\times7$
すなわち　$\boldsymbol{a_n=7n-28}$

**6B**　初項を$a$，公差を$d$とすると，一般項は
$a_n=a+(n-1)d$
第3項が14であるから
$a_3=a+2d=14$　……①
第7項が2であるから
$a_7=a+6d=2$　……②
①，②より　$a=20$，$d=-3$
よって，求める一般項は
$a_n=20+(n-1)\times(-3)$
すなわち　$\boldsymbol{a_n=-3n+23}$

**7A**　この等差数列$\{a_n\}$の一般項は
$a_n=200+(n-1)\times(-3)=-3n+203$
よって，$-3n+203<0$ となるのは
$n>\frac{203}{3}=67.6\cdots\cdots$
$n$は自然数であるから　$n\geqq68$
したがって，初めて負となる項は**第68項**である。

**7B**　この等差数列$\{a_n\}$の一般項は
$a_n=5+(n-1)\times3=3n+2$
よって，$3n+2>1000$ となるのは
$n>\frac{998}{3}=332.6\cdots\cdots$
$n$は自然数であるから　$n\geqq333$
したがって，初めて1000を超える項は**第333項**である。

**8A**　$2x=2+12$ より
$\boldsymbol{x=7}$

**8B**　$2x=4+(-2)$ より
$\boldsymbol{x=1}$

## 3 等差数列の和

p.6

**9A** (1) $S_{20}=\frac{1}{2}\times20\times(200+10)=\mathbf{2100}$

(2) $S_{13}=\frac{1}{2}\times13\times(11+83)=\mathbf{611}$

**9B** (1) $S_{12}=\frac{1}{2}\times12\times(8+52)=\mathbf{360}$

(2) $S_{15}=\frac{1}{2}\times15\times\{27+(-43)\}=\mathbf{-120}$

**10A** (1) $S_{10}=\frac{1}{2}\times10\times\{2\times15+(10-1)\times2\}=\mathbf{240}$

(2) $S_{13}=\frac{1}{2}\times13\times\{2\times10+(13-1)\times(-4)\}$

$=\mathbf{-182}$

**10B** (1) $S_{20}=\frac{1}{2}\times20\times\{2\times48+(20-1)\times(-7)\}$

$=\mathbf{-370}$

(2) $S_{12}=\frac{1}{2}\times12\times\{2\times(-4)+(12-1)\times3\}=\mathbf{150}$

**11A** (1) 与えられた等差数列の初項は3, 公差は4である。

よって，79を第$n$項とすると

$3+(n-1)\times4=79$

これを解くと　$n=20$

したがって，求める和$S$は

$S=\frac{1}{2}\times20\times(3+79)=\mathbf{820}$

(2) $-78$を第$n$項とすると

$48+(n-1)\times(-7)=-78$

これを解くと　$n=19$

したがって，求める和$S$は

$S=\frac{1}{2}\times19\times\{48+(-78)\}=\mathbf{-285}$

**11B** (1) 与えられた等差数列の初項は$-8$, 公差は3である。

よって，70を第$n$項とすると

$-8+(n-1)\times3=70$

これを解くと　$n=27$

したがって，求める和$S$は

$S=\frac{1}{2}\times27\times(-8+70)=\mathbf{837}$

(2) $-\frac{11}{6}$を第$n$項とすると

$\frac{3}{2}+(n-1)\times\left(-\frac{1}{3}\right)=-\frac{11}{6}$

これを解くと　$n=11$

したがって，求める和$S$は

$S=\frac{1}{2}\times11\times\left\{\frac{3}{2}+\left(-\frac{11}{6}\right)\right\}=\mathbf{-\frac{11}{6}}$

**12A** $1+2+3+\cdots\cdots+60=\frac{1}{2}\times60\times(60+1)=\mathbf{1830}$

**12B** $n$番目の奇数は$2n-1$と表される。

$2n-1=39$ とおくと，$n=20$ であるから

$1+3+5+\cdots\cdots+39=20^2=\mathbf{400}$

## 4 等比数列

p.8

**13A** (1) **初項3，公比2**

(2) **初項2，公比 −3**

**13B** (1) **初項2，公比 $\frac{2}{5}$**

(2) **初項4，公比 $\sqrt{3}$**

**14A** (1) $a_n=4\times3^{n-1}$

$a_5=4\times3^{5-1}$

$=4\times3^4$

$=\mathbf{324}$

(2) $a_n=-1\times(-2)^{n-1}=-(-2)^{n-1}$

$a_5=-(-2)^{5-1}$

$=-(-2)^4$

$=\mathbf{-16}$

**14B** (1) $a_n=4\times\left(-\frac{1}{3}\right)^{n-1}$

$a_5=4\times\left(-\frac{1}{3}\right)^{5-1}$

$=4\times\left(-\frac{1}{3}\right)^4=\mathbf{\frac{4}{81}}$

(2) $a_n=5\times(-\sqrt{2})^{n-1}$

$a_5=5\times(-\sqrt{2})^{5-1}$

$=5\times(-\sqrt{2})^4=\mathbf{20}$

**15A** 初項を$a$，公比を$r$とすると，一般項は

$a_n=ar^{n-1}$

第3項が12であるから

$a_3=ar^2=12$　……①

第5項が48であるから

$a_5=ar^4=48$　……②

②より　$ar^2\times r^2=48$

①を代入すると　$12\times r^2=48$

よって，$r^2=4$ より　$r=\pm2$

①より　$4a=12$ であるから　$a=3$

したがって，求める一般項は

$\mathbf{a_n=3\times2^{n-1}}$　または　$\mathbf{a_n=3\times(-2)^{n-1}}$

**15B** 初項を$a$，公比を$r$とすると，一般項は

$a_n=ar^{n-1}$

第2項が6であるから

$a_2=ar=6$　……①

第5項が48であるから

$a_5=ar^4=48$　……②

②より　$ar\times r^3=48$

①を代入すると　$6\times r^3=48$

よって　$r^3=8$

$r$は実数であるから　$r=2$

①より　$2a=6$ であるから　$a=3$

よって　$\mathbf{a_n=3\times2^{n-1}}$

**16A** $x^2=3\times12=36$ より

$\mathbf{x=\pm6}$

**16B** $x^2=4\times25=100$ より

$\mathbf{x=\pm10}$

## 5 等比数列の和

p.10

**17A** (1) $S_6=\dfrac{1\times(3^6-1)}{3-1}$

$=\dfrac{729-1}{2}$

$=\dfrac{728}{2}$

$=\mathbf{364}$

(2) $S_6=\dfrac{2\times\{1-(-2)^6\}}{1-(-2)}$

$=\dfrac{2\times(1-64)}{3}$

$=\dfrac{2\times(-63)}{3}$

$=2\times(-21)$

$=\mathbf{-42}$

**17B** (1) $S_6=\dfrac{4\times\left\{\left(\frac{3}{2}\right)^6-1\right\}}{\frac{3}{2}-1}$

$=\dfrac{4\times\left(\frac{729}{64}-1\right)}{\frac{1}{2}}$

$=8\times\dfrac{665}{64}$

$=\mathbf{\dfrac{665}{8}}$

(2) $S_6=\dfrac{(-1)\times\left\{1-\left(-\frac{1}{3}\right)^6\right\}}{1-\left(-\frac{1}{3}\right)}$

$=\dfrac{\frac{1}{729}-1}{\frac{4}{3}}$

$=-\dfrac{728}{729}\div\dfrac{4}{3}$

$=-\dfrac{728}{729}\times\dfrac{3}{4}$

$=\mathbf{-\dfrac{182}{243}}$

**18A** (1) 初項が 1，公比が 3 であるから

$S_n=\dfrac{1\times(3^n-1)}{3-1}$

$=\mathbf{\dfrac{1}{2}(3^n-1)}$

(2) 初項が 81，公比が $\dfrac{54}{81}=\dfrac{2}{3}$ であるから

$S_n=\dfrac{81\times\left\{1-\left(\frac{2}{3}\right)^n\right\}}{1-\frac{2}{3}}$

$=\dfrac{81\times\left\{1-\left(\frac{2}{3}\right)^n\right\}}{\frac{1}{3}}$

$=\mathbf{243\left\{1-\left(\dfrac{2}{3}\right)^n\right\}}$

**18B** (1) 初項が 2，公比が $-2$ であるから

$S_n=\dfrac{2\times\{1-(-2)^n\}}{1-(-2)}$

$=\mathbf{\dfrac{2}{3}\{1-(-2)^n\}}$

(2) 初項が 8，公比が $\dfrac{12}{8}=\dfrac{3}{2}$ であるから

$S_n=\dfrac{8\times\left\{\left(\frac{3}{2}\right)^n-1\right\}}{\frac{3}{2}-1}$

$=\dfrac{8\times\left\{\left(\frac{3}{2}\right)^n-1\right\}}{\frac{1}{2}}$

$=\mathbf{16\left\{\left(\dfrac{3}{2}\right)^n-1\right\}}$

**19A** $S_3=5$ より $\dfrac{a(r^3-1)}{r-1}=5$ ……①

$S_6=45$ より $\dfrac{a(r^6-1)}{r-1}=45$ ……②

②より

$\dfrac{a(r^3+1)(r^3-1)}{r-1}=45$

①を代入すると

$5(r^3+1)=45$

$r^3+1=9$

$r^3=8$

$r$ は実数であるから　$r=2$

①より　$a=\dfrac{5}{7}$

よって　$\boldsymbol{a=\dfrac{5}{7}}$，$\boldsymbol{r=2}$

**19B** $S_2=15$ より $\dfrac{a(r^2-1)}{r-1}=15$ ……①

$S_4=255$ より $\dfrac{a(r^4-1)}{r-1}=255$ ……②

②より

$\dfrac{a(r^2+1)(r^2-1)}{r-1}=255$

①を代入すると

$15(r^2+1)=255$

$r^2+1=17$

$r^2=16$

ゆえに　$r=\pm4$

①より　$r=4$ のとき $a=3$，$r=-4$ のとき $a=-5$

よって　$\boldsymbol{a=3}$，$\boldsymbol{r=4}$ または $\boldsymbol{a=-5}$，$\boldsymbol{r=-4}$

# 2節　いろいろな数列

## 6 数列の和と Σ 記号

p.12

**20A** (1) $\displaystyle\sum_{k=1}^{5}(2k+1)$

$=(2\cdot1+1)+(2\cdot2+1)+(2\cdot3+1)$

$+(2\cdot4+1)+(2\cdot5+1)$

$=3+5+7+9+11$

(2) $\sum_{k=1}^{n}(k+1)(k+2)$

$=(1+1)(1+2)+(2+1)(2+2)+(3+1)(3+2)+\cdots\cdots+(n+1)(n+2)$

$=\mathbf{2\cdot 3+3\cdot 4+4\cdot 5+\cdots\cdots+(n+1)(n+2)}$

**20B** (1) $\sum_{k=1}^{6}3^k$

$=3^1+3^2+3^3+3^4+3^5+3^6$

$=\mathbf{3+9+27+81+243+729}$

(2) $\sum_{k=1}^{n-1}(k+2)^2$

$=(1+2)^2+(2+2)^2+(3+2)^2+\cdots\cdots+\{(n-1)+2\}^2$

$=\mathbf{3^2+4^2+5^2+\cdots\cdots+(n+1)^2}$

**21A** $5+8+11+14+17+20+23+26$

$=\sum_{k=1}^{8}\{5+(k-1)\times 3\}$

$=\sum_{k=1}^{8}(\mathbf{3k+2})$

**21B** $4+4^2+4^3+\cdots\cdots+4^{10}=\sum_{k=1}^{10}4^k$

**22A** (1) $\sum_{k=1}^{7}4=7\times 4=\mathbf{28}$

(2) $\sum_{k=1}^{6}k^2=\frac{1}{6}\times 6\times(6+1)\times(2\times 6+1)=\mathbf{91}$

**22B** (1) $\sum_{k=1}^{12}k=\frac{1}{2}\times 12\times(12+1)=\mathbf{78}$

(2) $\sum_{k=1}^{10}k^2=\frac{1}{6}\times 10\times(10+1)\times(2\times 10+1)=\mathbf{385}$

**23A** (1) $\sum_{k=1}^{8}3\cdot 2^{k-1}=\frac{3(2^8-1)}{2-1}=\mathbf{765}$

(2) $\sum_{k=1}^{10}2^k=\sum_{k=1}^{10}2\cdot 2^{k-1}$

$=\frac{2(2^{10}-1)}{2-1}$

$=\mathbf{2046}$

**23B** (1) $\sum_{k=1}^{6}4\cdot 3^{k-1}=\frac{4(3^6-1)}{3-1}=\mathbf{1456}$

(2) $\sum_{k=1}^{n}\left(\frac{1}{2}\right)^{k-1}=\frac{1\times\left\{1-\left(\frac{1}{2}\right)^n\right\}}{1-\frac{1}{2}}$

$=\mathbf{2\left\{1-\left(\frac{1}{2}\right)^n\right\}}$

## 7 記号Σの性質

p.14

**24A** (1) $\sum_{k=1}^{n}(2k-5)$

$=2\sum_{k=1}^{n}k-\sum_{k=1}^{n}5$

$=2\times\frac{1}{2}n(n+1)-5n$

$=n(n+1-5)$

$=\mathbf{n(n-4)}$

(2) $\sum_{k=1}^{n}(k^2-k-1)$

$=\sum_{k=1}^{n}k^2-\sum_{k=1}^{n}k-\sum_{k=1}^{n}1$

$=\frac{1}{6}n(n+1)(2n+1)-\frac{1}{2}n(n+1)-n$

$=\frac{1}{6}n\{(n+1)(2n+1)-3(n+1)-6\}$

$=\frac{1}{6}n(2n^2-8)$

$=\frac{1}{3}n(n^2-4)$

$=\mathbf{\frac{1}{3}n(n+2)(n-2)}$

(3) $\sum_{k=1}^{n}(3k+1)(k-1)$

$=\sum_{k=1}^{n}(3k^2-2k-1)$

$=3\sum_{k=1}^{n}k^2-2\sum_{k=1}^{n}k-\sum_{k=1}^{n}1$

$=3\times\frac{1}{6}n(n+1)(2n+1)-2\times\frac{1}{2}n(n+1)-n$

$=\frac{1}{2}n(n+1)(2n+1)-n(n+1)-n$

$=\frac{1}{2}n\{(n+1)(2n+1)-2(n+1)-2\}$

$=\frac{1}{2}n(2n^2+n-3)$

$=\mathbf{\frac{1}{2}n(n-1)(2n+3)}$

**24B** (1) $\sum_{k=1}^{n}(3k+4)$

$=3\sum_{k=1}^{n}k+\sum_{k=1}^{n}4$

$=3\times\frac{1}{2}n(n+1)+4n$

$=\frac{1}{2}n\{3(n+1)+8\}$

$=\mathbf{\frac{1}{2}n(3n+11)}$

(2) $\sum_{k=1}^{n}(2k^2-4k+3)$

$=2\sum_{k=1}^{n}k^2-4\sum_{k=1}^{n}k+\sum_{k=1}^{n}3$

$=2\times\frac{1}{6}n(n+1)(2n+1)-4\times\frac{1}{2}n(n+1)+3n$

$=\frac{1}{3}n(n+1)(2n+1)-2n(n+1)+3n$

$=\frac{1}{3}n\{(n+1)(2n+1)-6(n+1)+9\}$

$=\mathbf{\frac{1}{3}n(2n^2-3n+4)}$

(3) $\sum_{k=1}^{n}(k-1)^2$

$=\sum_{k=1}^{n}(k^2-2k+1)$

$=\sum_{k=1}^{n}k^2-2\sum_{k=1}^{n}k+\sum_{k=1}^{n}1$

$=\frac{1}{6}n(n+1)(2n+1)-2\times\frac{1}{2}n(n+1)+n$

$=\frac{1}{6}n(n+1)(2n+1)-n(n+1)+n$

$=\frac{1}{6}n\{(n+1)(2n+1)-6(n+1)+6\}$

$=\frac{1}{6}n(2n^2-3n+1)$

$=\boldsymbol{\frac{1}{6}n(n-1)(2n-1)}$

**25A** (1) $\sum_{k=1}^{n-1}(2k+3)$

$=2\sum_{k=1}^{n-1}k+\sum_{k=1}^{n-1}3$

$=2\times\frac{1}{2}(n-1)n+3(n-1)$

$=\boldsymbol{(n-1)(n+3)}$

(2) $\sum_{k=1}^{n-1}(k^2+3k+1)$

$=\sum_{k=1}^{n-1}k^2+3\sum_{k=1}^{n-1}k+\sum_{k=1}^{n-1}1$

$=\frac{1}{6}(n-1)n(2n-1)+3\times\frac{1}{2}(n-1)n+(n-1)$

$=\frac{1}{6}(n-1)\{n(2n-1)+9n+6\}$

$=\frac{1}{6}(n-1)(2n^2+8n+6)$

$=\frac{1}{3}(n-1)(n^2+4n+3)$

$=\boldsymbol{\frac{1}{3}(n-1)(n+1)(n+3)}$

**25B** (1) $\sum_{k=1}^{n-1}(3k-1)$

$=3\sum_{k=1}^{n-1}k-\sum_{k=1}^{n-1}1$

$=3\times\frac{1}{2}(n-1)n-(n-1)$

$=\boldsymbol{\frac{1}{2}(n-1)(3n-2)}$

(2) $\sum_{k=1}^{n-1}(k+1)(k-2)$

$=\sum_{k=1}^{n-1}(k^2-k-2)$

$=\sum_{k=1}^{n-1}k^2-\sum_{k=1}^{n-1}k-\sum_{k=1}^{n-1}2$

$=\frac{1}{6}(n-1)n(2n-1)-\frac{1}{2}(n-1)n-2(n-1)$

$=\frac{1}{6}(n-1)\{n(2n-1)-3n-12\}$

$=\frac{1}{6}(n-1)(2n^2-4n-12)$

$=\boldsymbol{\frac{1}{3}(n-1)(n^2-2n-6)}$

**26A** (1) この数列の第 $k$ 項は $(k+1)(k+2)$

よって，求める和 $S_n$ は

$S_n=\sum_{k=1}^{n}(k+1)(k+2)$

$=\sum_{k=1}^{n}(k^2+3k+2)$

$=\sum_{k=1}^{n}k^2+3\sum_{k=1}^{n}k+\sum_{k=1}^{n}2$

$=\frac{1}{6}n(n+1)(2n+1)+3\times\frac{1}{2}n(n+1)+2n$

$=\frac{1}{6}n\{(n+1)(2n+1)+9(n+1)+12\}$

$=\frac{1}{6}n(2n^2+12n+22)$

$=\boldsymbol{\frac{1}{3}n(n^2+6n+11)}$

(2) この数列の第 $k$ 項は $(2k-1)(3k-1)$

よって，求める和 $S_n$ は

$S_n=\sum_{k=1}^{n}(2k-1)(3k-1)$

$=\sum_{k=1}^{n}(6k^2-5k+1)$

$=6\sum_{k=1}^{n}k^2-5\sum_{k=1}^{n}k+\sum_{k=1}^{n}1$

$=6\times\frac{1}{6}n(n+1)(2n+1)-5\times\frac{1}{2}n(n+1)+n$

$=\frac{1}{2}n\{2(n+1)(2n+1)-5(n+1)+2\}$

$=\boldsymbol{\frac{1}{2}n(4n^2+n-1)}$

**26B** (1) この数列の第 $k$ 項は $k(3k+2)$

よって，求める和 $S_n$ は

$S_n=\sum_{k=1}^{n}k(3k+2)$

$=\sum_{k=1}^{n}(3k^2+2k)$

$=3\sum_{k=1}^{n}k^2+2\sum_{k=1}^{n}k$

$=3\times\frac{1}{6}n(n+1)(2n+1)+2\times\frac{1}{2}n(n+1)$

$=\frac{1}{2}n(n+1)\{(2n+1)+2\}$

$=\boldsymbol{\frac{1}{2}n(n+1)(2n+3)}$

(2) この数列の第 $k$ 項は $(2k+1)^2$

よって，求める和 $S_n$ は

$S_n=\sum_{k=1}^{n}(2k+1)^2$

$=\sum_{k=1}^{n}(4k^2+4k+1)$

$=4\sum_{k=1}^{n}k^2+4\sum_{k=1}^{n}k+\sum_{k=1}^{n}1$

$=4\times\frac{1}{6}n(n+1)(2n+1)+4\times\frac{1}{2}n(n+1)+n$

$=\frac{1}{3}n\{2(n+1)(2n+1)+6(n+1)+3\}$

$=\boldsymbol{\frac{1}{3}n(4n^2+12n+11)}$

## 8 階差数列

p.17

**27A** (1) 2, 3, 5, 8, 12, 17, …… の階差数列 $\{b_n\}$ は

1, 2, 3, 4, 5, …… となり，一般項 $b_n$ は

$\boldsymbol{b_n=n}$

(2) 4, 9, 12, 13, 12, 9, …… の階差数列 $\{b_n\}$ は
5, 3, 1, −1, −3, …… となり，一般項 $b_n$ は
$\boldsymbol{b_n=5+(n-1)\times(-2)}$
$\boldsymbol{=-2n+7}$

(3) −6, −5, −2, 7, 34, …… の階差数列 $\{b_n\}$ は
1, 3, 9, 27, …… となり，一般項 $b_n$ は
$\boldsymbol{b_n=3^{n-1}}$

**27B** (1) 3, 5, 9, 15, 23, 33, …… の階差数列 $\{b_n\}$ は
2, 4, 6, 8, 10, …… となり，一般項 $b_n$ は
$\boldsymbol{b_n=2n}$

(2) 1, 3, 7, 15, 31, 63, …… の階差数列 $\{b_n\}$ は
2, 4, 8, 16, 32, …… となり，一般項 $b_n$ は
$\boldsymbol{b_n=2^n}$

(3) 5, 6, 3, 12, −15, …… の階差数列 $\{b_n\}$ は
1, −3, 9, −27, …… となり，一般項 $b_n$ は
$\boldsymbol{b_n=(-3)^{n-1}}$

**28A** (1) 数列 $\{a_n\}$ の階差数列 $\{b_n\}$ は
2, 5, 8, 11, 14, ……
となり，一般項 $b_n$ は
$b_n=2+(n-1)\times3=3n-1$
ゆえに，$n\geqq2$ のとき

$$a_n=a_1+\sum_{k=1}^{n-1}b_k=1+\sum_{k=1}^{n-1}(3k-1)$$
$$=1+3\sum_{k=1}^{n-1}k-\sum_{k=1}^{n-1}1$$
$$=1+3\times\frac{1}{2}(n-1)n-(n-1)$$
$$=\frac{3}{2}n^2-\frac{5}{2}n+2$$

ここで，$a_n=\frac{3}{2}n^2-\frac{5}{2}n+2$ に
$n=1$ を代入すると
$a_1=\frac{3}{2}-\frac{5}{2}+2=1$
となるから，この式は $n=1$ のときも成り立つ。
よって，求める一般項は　$\boldsymbol{a_n=\frac{3}{2}n^2-\frac{5}{2}n+2}$

(2) 数列 $\{a_n\}$ の階差数列 $\{b_n\}$ は
1, 3, 9, 27, ……
となり，一般項 $b_n$ は
$b_n=3^{n-1}$
ゆえに，$n\geqq2$ のとき

$$a_n=a_1+\sum_{k=1}^{n-1}b_k$$
$$=-2+\sum_{k=1}^{n-1}3^{k-1}$$
$$=-2+\frac{1\times(3^{n-1}-1)}{3-1}$$
$$=\frac{3^{n-1}-5}{2}$$

ここで，$a_n=\frac{3^{n-1}-5}{2}$ に $n=1$ を代入すると
$a_1=\frac{1-5}{2}=-2$
となるから，この式は $n=1$ のときも成り立つ。
よって，求める一般項は　$\boldsymbol{a_n=\frac{3^{n-1}-5}{2}}$

**28B** (1) 数列 $\{a_n\}$ の階差数列 $\{b_n\}$ は
1, 5, 9, 13, ……
となり，一般項 $b_n$ は
$b_n=1+(n-1)\times4=4n-3$
ゆえに，$n\geqq2$ のとき

$$a_n=a_1+\sum_{k=1}^{n-1}b_k=1+\sum_{k=1}^{n-1}(4k-3)$$
$$=1+4\sum_{k=1}^{n-1}k-\sum_{k=1}^{n-1}3$$
$$=1+4\times\frac{1}{2}(n-1)n-3(n-1)$$
$$=2n^2-5n+4$$

ここで，$a_n=2n^2-5n+4$ に
$n=1$ を代入すると
$a_1=2-5+4=1$
となるから，この式は $n=1$ のときも成り立つ。
よって，求める一般項は　$\boldsymbol{a_n=2n^2-5n+4}$

(2) 数列 $\{a_n\}$ の階差数列 $\{b_n\}$ は
2, 4, 8, 16, 32, ……
となり，一般項 $b_n$ は
$b_n=2^n$
ゆえに，$n\geqq2$ のとき

$$a_n=a_1+\sum_{k=1}^{n-1}b_k$$
$$=-1+\sum_{k=1}^{n-1}2^k$$
$$=-1+\sum_{k=1}^{n-1}2\cdot2^{k-1}$$
$$=-1+\frac{2(2^{n-1}-1)}{2-1}$$
$$=2^n-3$$

ここで，$a_n=2^n-3$ に $n=1$ を代入すると
$a_1=2-3=-1$
となるから，この式は $n=1$ のときも成り立つ。
よって，求める一般項は　$\boldsymbol{a_n=2^n-3}$

## 9 数列の和と一般項

p.19

**29A** (1) 初項 $a_1$ は　$a_1=S_1=1^2-3\times1=-2$
$n\geqq2$ のとき

$$a_n=S_n-S_{n-1}$$
$$=(n^2-3n)-\{(n-1)^2-3(n-1)\}$$
$$=n^2-3n-(n^2-5n+4)$$
$$=2n-4$$

ここで，$a_n=2n-4$ に $n=1$ を代入すると
$a_1=2\times1-4=-2$
となるから，この式は $n=1$ のときも成り立つ。
よって，求める一般項は　$\boldsymbol{a_n=2n-4}$

(2) 初項 $a_1$ は　$a_1=S_1=3^1-1=3-1=2$
$n\geqq2$ のとき

$a_n=S_n-S_{n-1}$
$=(3^n-1)-(3^{n-1}-1)=3^n-3^{n-1}$
$=3\times3^{n-1}-3^{n-1}=2\times3^{n-1}$
ここで，$a_n=2\times3^{n-1}$ に $n=1$ を代入すると
$a_1=2\times3^{1-1}=2$
となるから，この式は $n=1$ のときも成り立つ。
よって，求める一般項は $\boldsymbol{a_n=2\times3^{n-1}}$

**29B** (1) 初項 $a_1$ は $a_1=S_1=3\times1^2+4\times1=7$
$n\geqq2$ のとき
$a_n=S_n-S_{n-1}$
$=(3n^2+4n)-\{3(n-1)^2+4(n-1)\}$
$=3n^2+4n-(3n^2-2n-1)$
$=6n+1$
ここで，$a_n=6n+1$ に $n=1$ を代入すると
$a_1=6\times1+1=7$
となるから，この式は $n=1$ のときも成り立つ。
よって，求める一般項は $\boldsymbol{a_n=6n+1}$
(2) 初項 $a_1$ は $a_1=S_1=4^2-4=12$
$n\geqq2$ のとき
$a_n=S_n-S_{n-1}$
$=(4^{n+1}-4)-\{4^{(n-1)+1}-4\}=4^{n+1}-4^n$
$=4\times4^n-4^n=3\times4^n$
ここで，$a_n=3\times4^n$ に $n=1$ を代入すると
$a_1=3\times4^1=12$
となるから，この式は $n=1$ のときも成り立つ。
よって，求める一般項は $\boldsymbol{a_n=3\times4^n}$

## 10 いろいろな数列の和 p.20

**30A** $S_n=\frac{1}{1\cdot5}+\frac{1}{5\cdot9}+\frac{1}{9\cdot13}+\cdots\cdots+\frac{1}{(4n-3)(4n+1)}$
$=\frac{1}{4}\left(\frac{1}{1}-\frac{1}{5}\right)+\frac{1}{4}\left(\frac{1}{5}-\frac{1}{9}\right)+\frac{1}{4}\left(\frac{1}{9}-\frac{1}{13}\right)+\cdots\cdots+\frac{1}{4}\left(\frac{1}{4n-3}-\frac{1}{4n+1}\right)$
$=\frac{1}{4}\left(\frac{1}{1}-\frac{1}{5}+\frac{1}{5}-\frac{1}{9}+\frac{1}{9}-\frac{1}{13}+\cdots\cdots+\frac{1}{4n-3}-\frac{1}{4n+1}\right)$
$=\frac{1}{4}\left(1-\frac{1}{4n+1}\right)$
$=\frac{1}{4}\times\frac{4n}{4n+1}$
$=\boldsymbol{\frac{n}{4n+1}}$

**30B** $S_n=\frac{1}{2\cdot5}+\frac{1}{5\cdot8}+\frac{1}{8\cdot11}+\cdots\cdots+\frac{1}{(3n-1)(3n+2)}$
$=\frac{1}{3}\left(\frac{1}{2}-\frac{1}{5}\right)+\frac{1}{3}\left(\frac{1}{5}-\frac{1}{8}\right)+\frac{1}{3}\left(\frac{1}{8}-\frac{1}{11}\right)+\cdots\cdots+\frac{1}{3}\left(\frac{1}{3n-1}-\frac{1}{3n+2}\right)$
$=\frac{1}{3}\left(\frac{1}{2}-\frac{1}{5}+\frac{1}{5}-\frac{1}{8}+\frac{1}{8}-\frac{1}{11}+\cdots\cdots+\frac{1}{3n-1}-\frac{1}{3n+2}\right)$
$=\frac{1}{3}\left(\frac{1}{2}-\frac{1}{3n+2}\right)$
$=\frac{1}{3}\times\frac{3n}{2(3n+2)}$
$=\boldsymbol{\frac{n}{2(3n+2)}}$

**31** $S_n=2\cdot1+4\cdot3+6\cdot3^2+\cdots\cdots+2n\cdot3^{n-1}$ ……①
において，①の両辺に3を掛けると
$3S_n=2\cdot3+4\cdot3^2+6\cdot3^3+\cdots\cdots+2n\cdot3^n$ ……②
①−② より

$$\begin{array}{rl} S_n= & 2\cdot1+4\cdot3+6\cdot3^2+\cdots\cdots+2n\cdot3^{n-1} \\ -)\ 3S_n= & \quad 2\cdot3+4\cdot3^2+\cdots\cdots+2(n-1)\cdot3^{n-1}+2n\cdot3^n \\ \hline -2S_n= & 2\cdot1+2\cdot3+2\cdot3^2+\cdots\cdots+2\cdot3^{n-1}-2n\cdot3^n \end{array}$$

$-2S_n=2\cdot1+2\cdot3+2\cdot3^2+\cdots\cdots+2\cdot3^{n-1}-2n\cdot3^n$
$=\frac{2(3^n-1)}{3-1}-2n\cdot3^n$
$=3^n-1-2n\cdot3^n$
$=(1-2n)\cdot3^n-1$
よって
$S_n=\frac{(1-2n)\cdot3^n-1}{-2}$
$=\boldsymbol{\frac{(2n-1)\cdot3^n+1}{2}}$

## 11 群に分けられた数列 p.22

**32** (1) $a_n=1+(n-1)\times4=4n-3$
$m\geqq2$ のとき，第1群から第 $(m-1)$ 群までの項の個数は
$1+2+3+\cdots\cdots+(m-1)=\frac{1}{2}m(m-1)$
ゆえに，第 $m$ 群の最初の項は，もとの数列の第 $\left\{\frac{1}{2}m(m-1)+1\right\}$ 項であるから
$4\times\left\{\frac{1}{2}m(m-1)+1\right\}-3=2m^2-2m+1$
このことは，$m=1$ のときも成り立つ。
よって，求める項は $\boldsymbol{2m^2-2m+1}$
(2) 求める和 $S$ は，初項 $2m^2-2m+1$，公差4，項数 $m$ の等差数列の和である。したがって
$S=\frac{1}{2}m\{2\times(2m^2-2m+1)+(m-1)\times4\}$
$=\boldsymbol{m(2m^2-1)}$

# 3節 漸化式と数学的帰納法

## 12 漸化式 p.23

**33A** (1) $\boldsymbol{a_2=a_1+3=2+3=5}$
$\boldsymbol{a_3=a_2+3=5+3=8}$
$\boldsymbol{a_4=a_3+3=8+3=11}$
$\boldsymbol{a_5=a_4+3=11+3=14}$

(2) $\boldsymbol{a_2=2a_1+3=2\times4+3=11}$

$\boldsymbol{a_3=2a_2+3=2\times11+3=25}$

$\boldsymbol{a_4=2a_3+3=2\times25+3=53}$

$\boldsymbol{a_5=2a_4+3=2\times53+3=109}$

**33B** (1) $\boldsymbol{a_2=-2a_1=-2\times3=-6}$

$\boldsymbol{a_3=-2a_2=-2\times(-6)=12}$

$\boldsymbol{a_4=-2a_3=-2\times12=-24}$

$\boldsymbol{a_5=-2a_4=-2\times(-24)=48}$

(2) $\boldsymbol{a_2=1a_1+1^2=1\times1+1=2}$

$\boldsymbol{a_3=2a_2+2^2=2\times2+4=8}$

$\boldsymbol{a_4=3a_3+3^2=3\times8+9=33}$

$\boldsymbol{a_5=4a_4+4^2=4\times33+16=148}$

**34A** (1) $a_{n+1}=a_n+6$ より，数列 $\{a_n\}$ は公差 6 の等差数列であるから

$\boldsymbol{a_n}=2+(n-1)\times6$

$\quad=\boldsymbol{6n-4}$

(2) $a_{n+1}=3a_n$ より，数列 $\{a_n\}$ は公比 3 の等比数列であるから

$\boldsymbol{a_n=5\times3^{n-1}}$

**34B** (1) $a_{n+1}=a_n-4$ より，数列 $\{a_n\}$ は公差 $-4$ の等差数列であるから

$\boldsymbol{a_n}=15+(n-1)\times(-4)$

$\quad=\boldsymbol{-4n+19}$

(2) $a_{n+1}=\dfrac{3}{2}a_n$ より，数列 $\{a_n\}$ は公比 $\dfrac{3}{2}$ の等比数列であるから

$\boldsymbol{a_n=8\times\left(\dfrac{3}{2}\right)^{n-1}}$

**35A** (1) $a_{n+1}=a_n+n+1$ より

$a_{n+1}-a_n=n+1$ であるから，

数列 $\{a_n\}$ の階差数列を $\{b_n\}$ とすると

$b_n=n+1$

ゆえに，$n\geqq2$ のとき

$a_n=a_1+\sum_{k=1}^{n-1}(k+1)$

$\quad=1+\dfrac{1}{2}n(n-1)+(n-1)$

$\quad=\dfrac{1}{2}n^2+\dfrac{1}{2}n$

ここで，$a_n=\dfrac{1}{2}n^2+\dfrac{1}{2}n$ に

$n=1$ を代入すると

$a_1=\dfrac{1}{2}+\dfrac{1}{2}=1$

となるから，この式は $n=1$ のときも成り立つ。

よって，求める一般項は

$\boldsymbol{a_n=\dfrac{1}{2}n^2+\dfrac{1}{2}n}$

(2) $a_{n+1}=a_n+n^2$ より

$a_{n+1}-a_n=n^2$ であるから，

数列 $\{a_n\}$ の階差数列を $\{b_n\}$ とすると

$b_n=n^2$

ゆえに，$n\geqq2$ のとき

$a_n=a_1+\sum_{k=1}^{n-1}k^2$

$\quad=1+\dfrac{1}{6}(n-1)n(2n-1)$

$\quad=1+\dfrac{1}{6}(2n^3-3n^2+n)$

$\quad=\dfrac{1}{3}n^3-\dfrac{1}{2}n^2+\dfrac{1}{6}n+1$

ここで，$a_n=\dfrac{1}{3}n^3-\dfrac{1}{2}n^2+\dfrac{1}{6}n+1$ に

$n=1$ を代入すると

$a_1=\dfrac{1}{3}-\dfrac{1}{2}+\dfrac{1}{6}+1=1$

となるから，この式は $n=1$ のときも成り立つ。

よって，求める一般項は

$\boldsymbol{a_n=\dfrac{1}{3}n^3-\dfrac{1}{2}n^2+\dfrac{1}{6}n+1}$

**35B** (1) $a_{n+1}=a_n+3n+2$ より

$a_{n+1}-a_n=3n+2$ であるから，

数列 $\{a_n\}$ の階差数列を $\{b_n\}$ とすると

$b_n=3n+2$

ゆえに，$n\geqq2$ のとき

$a_n=a_1+\sum_{k=1}^{n-1}(3k+2)$

$\quad=3+3\times\dfrac{1}{2}n(n-1)+2(n-1)$

$\quad=\dfrac{3}{2}n^2+\dfrac{1}{2}n+1$

ここで，$a_n=\dfrac{3}{2}n^2+\dfrac{1}{2}n+1$ に

$n=1$ を代入すると

$a_1=\dfrac{3}{2}+\dfrac{1}{2}+1=3$

となるから，この式は $n=1$ のときも成り立つ。

よって，求める一般項は

$\boldsymbol{a_n=\dfrac{3}{2}n^2+\dfrac{1}{2}n+1}$

(2) $a_{n+1}=a_n+3n^2-n$ より

$a_{n+1}-a_n=3n^2-n$ であるから，

数列 $\{a_n\}$ の階差数列を $\{b_n\}$ とすると

$b_n=3n^2-n$

ゆえに，$n\geqq2$ のとき

$a_n=a_1+\sum_{k=1}^{n-1}(3k^2-k)$

$\quad=2+3\times\dfrac{1}{6}(n-1)n(2n-1)-\dfrac{1}{2}n(n-1)$

$\quad=n^3-2n^2+n+2$

ここで，$a_n=n^3-2n^2+n+2$ に

$n=1$ を代入すると

$a_1=1-2+1+2=2$

となるから，この式は $n=1$ のときも成り立つ。

よって，求める一般項は

$\boldsymbol{a_n=n^3-2n^2+n+2}$

**36A** $\alpha=2\alpha-1$ とおくと　$\alpha=1$

よって　$\boldsymbol{a_{n+1}-1=2(a_n-1)}$

**36B** $\alpha=-3\alpha-8$ とおくと　$\alpha=-2$

よって　$\boldsymbol{a_{n+1}+2=-3(a_n+2)}$

**37A** (1) 与えられた漸化式を変形すると

$a_{n+1}-1=4(a_n-1)$

ここで，$b_n=a_n-1$ とおくと

$b_{n+1}=4b_n$，$b_1=a_1-1=2-1=1$

よって，数列 $\{b_n\}$ は，初項1，公比4の等比数列であるから

$b_n=1\cdot4^{n-1}=4^{n-1}$

したがって，数列 $\{a_n\}$ の一般項は，$a_n=b_n+1$ より

$\boldsymbol{a_n=4^{n-1}+1}$

(2) 与えられた漸化式を変形すると

$a_{n+1}-4=\frac{3}{4}(a_n-4)$

ここで，$b_n=a_n-4$ とおくと

$b_{n+1}=\frac{3}{4}b_n$，$b_1=a_1-4=1-4=-3$

よって，数列 $\{b_n\}$ は，初項 $-3$，公比 $\frac{3}{4}$ の等比数列であるから

$b_n=-3\left(\frac{3}{4}\right)^{n-1}$

したがって，数列 $\{a_n\}$ の一般項は，$a_n=b_n+4$ より

$\boldsymbol{a_n=-3\left(\frac{3}{4}\right)^{n-1}+4}$

**37B** (1) 与えられた漸化式を変形すると

$a_{n+1}+1=3(a_n+1)$

ここで，$b_n=a_n+1$ とおくと

$b_{n+1}=3b_n$，$b_1=a_1+1=3+1=4$

よって，数列 $\{b_n\}$ は，初項4，公比3の等比数列であるから

$b_n=4\cdot3^{n-1}$

したがって，数列 $\{a_n\}$ の一般項は，$a_n=b_n-1$ より

$\boldsymbol{a_n=4\cdot3^{n-1}-1}$

(2) 与えられた漸化式を変形すると

$a_{n+1}-\frac{2}{3}=-\frac{1}{2}\left(a_n-\frac{2}{3}\right)$

ここで，$b_n=a_n-\frac{2}{3}$ とおくと

$b_{n+1}=-\frac{1}{2}b_n$，$b_1=a_1-\frac{2}{3}=0-\frac{2}{3}=-\frac{2}{3}$

よって，数列 $\{b_n\}$ は，初項 $-\frac{2}{3}$，公比 $-\frac{1}{2}$ の等比数列であるから

$b_n=-\frac{2}{3}\left(-\frac{1}{2}\right)^{n-1}$

したがって，数列 $\{a_n\}$ の一般項は，$a_n=b_n+\frac{2}{3}$ より

$\boldsymbol{a_n=-\frac{2}{3}\left(-\frac{1}{2}\right)^{n-1}+\frac{2}{3}}$

## 13 数学的帰納法

p.26

**38A** (1) $3+5+7+\cdots\cdots+(2n+1)=n(n+2)$　……①

とおく。

[I] $n=1$ のとき

(左辺)$=3$，(右辺)$=1\cdot3=3$

よって，$n=1$ のとき，①は成り立つ。

[II] $n=k$ のとき，①が成り立つと仮定すると

$3+5+7+\cdots\cdots+(2k+1)=k(k+2)$

この式を用いると，$n=k+1$ のときの①の左辺は

$3+5+7+\cdots\cdots+(2k+1)+\{2(k+1)+1\}$
$=k(k+2)+(2k+3)$
$=k^2+4k+3$
$=(k+1)(k+3)$
$=(k+1)\{(k+1)+2\}$

よって，$n=k+1$ のときも①は成り立つ。

[I]，[II]から，すべての自然数 $n$ について①が成り立つ。

(2) $\frac{1}{1\cdot2}+\frac{1}{2\cdot3}+\frac{1}{3\cdot4}+\cdots\cdots+\frac{1}{n(n+1)}=\frac{n}{n+1}$　……①

とおく。

[I] $n=1$ のとき

(左辺)$=\frac{1}{1\cdot2}=\frac{1}{2}$，(右辺)$=\frac{1}{1+1}=\frac{1}{2}$

よって，$n=1$ のとき①は成り立つ。

[II] $n=k$ のとき，①が成り立つと仮定すると

$\frac{1}{1\cdot2}+\frac{1}{2\cdot3}+\frac{1}{3\cdot4}+\cdots\cdots+\frac{1}{k(k+1)}=\frac{k}{k+1}$

この式を用いると，$n=k+1$ のときの①の左辺は

$\frac{1}{1\cdot2}+\frac{1}{2\cdot3}+\frac{1}{3\cdot4}+\cdots\cdots+\frac{1}{k(k+1)}+\frac{1}{(k+1)(k+2)}$
$=\frac{k}{k+1}+\frac{1}{(k+1)(k+2)}$
$=\frac{k(k+2)+1}{(k+1)(k+2)}$
$=\frac{k^2+2k+1}{(k+1)(k+2)}$
$=\frac{(k+1)^2}{(k+1)(k+2)}$
$=\frac{k+1}{k+2}$
$=\frac{k+1}{(k+1)+1}$

よって，$n=k+1$ のときも①は成り立つ。

[I]，[II]から，すべての自然数 $n$ について①が成り立つ。

(3) $1^3+2^3+3^3+\cdots\cdots+n^3=\left\{\frac{1}{2}n(n+1)\right\}^2$ ……①

とおく。

[I] $n=1$ のとき

$(左辺)=1^3=1$，$(右辺)=\left\{\frac{1}{2}\cdot1\cdot(1+1)\right\}^2=1$

よって，$n=1$ のとき，①は成り立つ。

[II] $n=k$ のとき，①が成り立つと仮定すると

$1^3+2^3+3^3+\cdots\cdots+k^3=\left\{\frac{1}{2}k(k+1)\right\}^2$

この式を用いると，$n=k+1$ のときの①の左辺は

$1^3+2^3+3^3+\cdots\cdots+k^3+(k+1)^3$

$=\left\{\frac{1}{2}k(k+1)\right\}^2+(k+1)^3$

$=\frac{1}{4}k^2(k+1)^2+(k+1)^3$

$=\frac{1}{4}(k+1)^2\{k^2+4(k+1)\}$

$=\frac{1}{4}(k+1)^2(k^2+4k+4)$

$=\frac{1}{4}(k+1)^2(k+2)^2$

$=\frac{1}{4}(k+1)^2\{(k+1)+1\}^2$

$=\left[\frac{1}{2}(k+1)\{(k+1)+1\}\right]^2$

よって，$n=k+1$ のときも①は成り立つ。

[I]，[II]から，すべての自然数 $n$ について①が成り立つ。

**38B** (1) $1+2+2^2+\cdots\cdots+2^{n-1}=2^n-1$ ……①

とおく。

[I] $n=1$ のとき

$(左辺)=1$，$(右辺)=2^1-1=1$

よって，$n=1$ のとき，①は成り立つ。

[II] $n=k$ のとき，①が成り立つと仮定すると

$1+2+2^2+\cdots\cdots+2^{k-1}=2^k-1$

この式を用いると，$n=k+1$ のときの①の左辺は

$1+2+2^2+\cdots\cdots+2^{k-1}+2^{(k+1)-1}$

$=(2^k-1)+2^k$

$=2\cdot2^k-1$

$=2^{k+1}-1$

よって，$n=k+1$ のときも①は成り立つ。

[I]，[II]から，すべての自然数 $n$ について①が成り立つ。

(2) $1\cdot3+2\cdot4+3\cdot5+\cdots\cdots+n(n+2)$

$=\frac{1}{6}n(n+1)(2n+7)$ ……①　とおく。

[I] $n=1$ のとき

$(左辺)=1\cdot3=3$，$(右辺)=\frac{1}{6}\cdot1\cdot2\cdot9=3$

よって，$n=1$ のとき，①は成り立つ。

[II] $n=k$ のとき，①が成り立つと仮定すると

$1\cdot3+2\cdot4+3\cdot5+\cdots\cdots+k(k+2)$

$=\frac{1}{6}k(k+1)(2k+7)$

この式を用いると，$n=k+1$ のときの①の左辺は

$1\cdot3+2\cdot4+3\cdot5+\cdots\cdots+k(k+2)$
$+(k+1)\{(k+1)+2\}$

$=\frac{1}{6}k(k+1)(2k+7)+(k+1)(k+3)$

$=\frac{1}{6}(k+1)\{k(2k+7)+6(k+3)\}$

$=\frac{1}{6}(k+1)(2k^2+13k+18)$

$=\frac{1}{6}(k+1)(k+2)(2k+9)$

$=\frac{1}{6}(k+1)\{(k+1)+1\}\{2(k+1)+7\}$

よって，$n=k+1$ のときも①は成り立つ。

[I]，[II]から，すべての自然数 $n$ について①が成り立つ。

(3) $1\cdot2\cdot3+2\cdot3\cdot4+\cdots\cdots+n(n+1)(n+2)$

$=\frac{1}{4}n(n+1)(n+2)(n+3)$ ……①

とおく。

[I] $n=1$ のとき

$(左辺)=1\cdot2\cdot3=6$

$(右辺)=\frac{1}{4}\cdot1\cdot(1+1)(1+2)(1+3)$

$=6$

よって，$n=1$ のとき，①は成り立つ。

[II] $n=k$ のとき，①が成り立つと仮定すると

$1\cdot2\cdot3+2\cdot3\cdot4+\cdots\cdots+k(k+1)(k+2)$

$=\frac{1}{4}k(k+1)(k+2)(k+3)$

この式を用いると，$n=k+1$ のときの①の左辺は

$1\cdot2\cdot3+2\cdot3\cdot4+\cdots\cdots+k(k+1)(k+2)$
$+(k+1)(k+2)(k+3)$

$=\frac{1}{4}k(k+1)(k+2)(k+3)$
$+(k+1)(k+2)(k+3)$

$=\frac{1}{4}(k+1)(k+2)(k+3)(k+4)$

$=\frac{1}{4}(k+1)\{(k+1)+1\}\{(k+1)+2\}\{(k+1)+3\}$

よって，$n=k+1$ のときも①は成り立つ。

[I]，[II]から，すべての自然数 $n$ について①が成り立つ。

**39A** 命題「$6^n-1$ は5の倍数である」を①とする。

[I] $n=1$ のとき

$6^1-1=5$

よって，$n=1$ のとき，①は成り立つ。

[II] $n=k$ のとき，①が成り立つと仮定すると，

整数 $m$ を用いて

$6^k-1=5m$

と表される。

この式を用いると，$n=k+1$ のとき

$$
\begin{aligned}
6^{k+1}-1&=6\cdot 6^k-1\\
&=6(5m+1)-1\\
&=30m+5\\
&=5(6m+1)
\end{aligned}
$$

$6m+1$ は整数であるから，$6^{k+1}-1$ は 5 の倍数である。

よって，$n=k+1$ のときも①は成り立つ。

[I]，[II]から，すべての自然数 $n$ について①が成り立つ。

**39B** 命題「$7^n+5$ は 6 の倍数である」を①とする。

[I] $n=1$ のとき $7^1+5=12$

よって，$n=1$ のとき，①は成り立つ。

[II] $n=k$ のとき，①が成り立つと仮定すると，整数 $m$ を用いて

$7^k+5=6m$

と表される。

この式を用いると，$n=k+1$ のとき

$$
\begin{aligned}
7^{k+1}+5&=7\cdot 7^k+5\\
&=7(6m-5)+5\\
&=42m-30\\
&=6(7m-5)
\end{aligned}
$$

$7m-5$ は整数であるから，$7^{k+1}+5$ は 6 の倍数である。

よって，$n=k+1$ のときも①は成り立つ。

[I]，[II]から，すべての自然数 $n$ について①が成り立つ。

**40** $4^n>6n+3$ ……① とおく。

[I] $n=2$ のとき

(左辺)$=4^2=16$，(右辺)$=6\cdot 2+3=15$

よって，$n=2$ のとき，①は成り立つ。

[II] $k\geqq 2$ として，$n=k$ のとき①が成り立つと仮定すると

$4^k>6k+3$

この式を用いて，$n=k+1$ のときも①が成り立つこと，すなわち

$4^{k+1}>6(k+1)+3$ ……②

が成り立つことを示せばよい。

②の両辺の差を考えると

$$
\begin{aligned}
(\text{左辺})-(\text{右辺})&=4^{k+1}-6(k+1)-3\\
&=4\cdot 4^k-6k-9\\
&>4(6k+3)-6k-9\\
&=18k+3
\end{aligned}
$$

ここで，$k\geqq 2$ であるから $18k+3>0$

よって，②が成り立つから，$n=k+1$ のときも①は成り立つ。

[I]，[II]から，2 以上のすべての自然数 $n$ について①が成り立つ。

## 演習問題

**41** 与えられた漸化式を変形すると

$a_{n+2}-a_{n+1}=3(a_{n+1}-a_n)$

ここで，$b_n=a_{n+1}-a_n$ とおくと

$b_{n+1}=3b_n$，$b_1=a_2-a_1=8-2=6$

よって，数列 $\{b_n\}$ は，初項 6，公比 3 の等比数列であるから

$b_n=6\cdot 3^{n-1}$

数列 $\{b_n\}$ は，数列 $\{a_n\}$ の階差数列であるから，$n\geqq 2$ のとき

$$
\begin{aligned}
a_n&=a_1+\sum_{k=1}^{n-1}6\cdot 3^{k-1}=2+\frac{6(3^{n-1}-1)}{3-1}\\
&=2+3(3^{n-1}-1)=3^n-1
\end{aligned}
$$

ここで，$a_n=3^n-1$ に $n=1$ を代入すると $a_1=2$ となるから，この式は $n=1$ のときも成り立つ。

よって，求める一般項は $\boldsymbol{a_n=3^n-1}$

**42** この等差数列 $\{a_n\}$ の一般項は

$$
\begin{aligned}
a_n&=80+(n-1)\times(-7)\\
&=-7n+87
\end{aligned}
$$

$a_n$ が負になるのは

$-7n+87<0$ より

$n>\frac{87}{7}=12.4\cdots\cdots$

したがって，第 13 項から負になるので，

**第 12 項までの和**が最大となる。

また，そのときの和 $S$ は

$$
\begin{aligned}
S&=\frac{1}{2}\times 12\times\{2\times 80+(12-1)\times(-7)\}\\
&=\mathbf{498}
\end{aligned}
$$

**43**

$$
\begin{aligned}
S_n&=\frac{1}{\sqrt{3}+\sqrt{5}}+\frac{1}{\sqrt{5}+\sqrt{7}}+\frac{1}{\sqrt{7}+\sqrt{9}}+\cdots\cdots+\frac{1}{\sqrt{2n+1}+\sqrt{2n+3}}\\
&=\frac{1}{\sqrt{5}+\sqrt{3}}+\frac{1}{\sqrt{7}+\sqrt{5}}+\frac{1}{\sqrt{9}+\sqrt{7}}+\cdots\cdots+\frac{1}{\sqrt{2n+3}+\sqrt{2n+1}}\\
&=\frac{\sqrt{5}-\sqrt{3}}{(\sqrt{5}+\sqrt{3})(\sqrt{5}-\sqrt{3})}+\frac{\sqrt{7}-\sqrt{5}}{(\sqrt{7}+\sqrt{5})(\sqrt{7}-\sqrt{5})}+\frac{\sqrt{9}-\sqrt{7}}{(\sqrt{9}+\sqrt{7})(\sqrt{9}-\sqrt{7})}\\
&\quad+\cdots+\frac{\sqrt{2n+3}-\sqrt{2n+1}}{(\sqrt{2n+3}+\sqrt{2n+1})(\sqrt{2n+3}-\sqrt{2n+1})}\\
&=\frac{\sqrt{5}-\sqrt{3}}{2}+\frac{\sqrt{7}-\sqrt{5}}{2}+\frac{\sqrt{9}-\sqrt{7}}{2}+\cdots\cdots+\frac{\sqrt{2n+3}-\sqrt{2n+1}}{2}\\
&=\boldsymbol{\frac{\sqrt{2n+3}-\sqrt{3}}{2}}
\end{aligned}
$$

# 2章　確率分布と統計的な推測

## 1節　確率分布

### 14 確率変数と確率分布

p.32

**44A** $X$ のとり得る値は 1，2，3，4 であり，$X$ の確率分布は次の表のようになる。

| $X$ | 1 | 2 | 3 | 4 | 計 |
|---|---|---|---|---|---|
| $P$ | $\frac{1}{10}$ | $\frac{2}{10}$ | $\frac{3}{10}$ | $\frac{4}{10}$ | 1 |

**44B** $X$ のとり得る値は 0，1，2，3，4 である。

$P(X=0)={}_4C_0\left(\frac{1}{2}\right)^0\left(1-\frac{1}{2}\right)^4=\frac{1}{16}$

$P(X=1)={}_4C_1\left(\frac{1}{2}\right)^1\left(1-\frac{1}{2}\right)^3=\frac{4}{16}$

$P(X=2)={}_4C_2\left(\frac{1}{2}\right)^2\left(1-\frac{1}{2}\right)^2=\frac{6}{16}$

$P(X=3)={}_4C_3\left(\frac{1}{2}\right)^3\left(1-\frac{1}{2}\right)^1=\frac{4}{16}$

$P(X=4)={}_4C_4\left(\frac{1}{2}\right)^4\left(1-\frac{1}{2}\right)^0=\frac{1}{16}$

であるから，$X$ の確率分布は次の表のようになる。

| $X$ | 0 | 1 | 2 | 3 | 4 | 計 |
|---|---|---|---|---|---|---|
| $P$ | $\frac{1}{16}$ | $\frac{4}{16}$ | $\frac{6}{16}$ | $\frac{4}{16}$ | $\frac{1}{16}$ | 1 |

**45A** 次の表より，出る目の差の絶対値 $X$ のとり得る値は 0，1，2，3，4，5 である。

| | 1 | 2 | 3 | 4 | 5 | 6 |
|---|---|---|---|---|---|---|
| 1 | 0 | 1 | 2 | 3 | 4 | 5 |
| 2 | 1 | 0 | 1 | 2 | 3 | 4 |
| 3 | 2 | 1 | 0 | 1 | 2 | 3 |
| 4 | 3 | 2 | 1 | 0 | 1 | 2 |
| 5 | 4 | 3 | 2 | 1 | 0 | 1 |
| 6 | 5 | 4 | 3 | 2 | 1 | 0 |

ゆえに，$X$ の確率分布は次の表のようになる。

| $X$ | 0 | 1 | 2 | 3 | 4 | 5 | 計 |
|---|---|---|---|---|---|---|---|
| $P$ | $\frac{6}{36}$ | $\frac{10}{36}$ | $\frac{8}{36}$ | $\frac{6}{36}$ | $\frac{4}{36}$ | $\frac{2}{36}$ | 1 |

よって

$P(0\leqq X\leqq 2)=\frac{6}{36}+\frac{10}{36}+\frac{8}{36}=\frac{24}{36}=\boldsymbol{\frac{2}{3}}$

**45B** $X$ のとり得る値は 1，2，3，4，5，6 である。

$X=1$ となるのは，3回とも1が出るときで

$P(X=1)=\left(\frac{1}{6}\right)^3=\frac{1}{216}$

$X=k$ ($k=2$，3，4，5，6) である確率は，3回とも $k$ 以下である確率から，3回とも $(k-1)$ 以下である確率を引いて求められる。

よって

$P(X=2)=\left(\frac{2}{6}\right)^3-\left(\frac{1}{6}\right)^3=\frac{7}{216}$

$P(X=3)=\left(\frac{3}{6}\right)^3-\left(\frac{2}{6}\right)^3=\frac{19}{216}$

$P(X=4)=\left(\frac{4}{6}\right)^3-\left(\frac{3}{6}\right)^3=\frac{37}{216}$

$P(X=5)=\left(\frac{5}{6}\right)^3-\left(\frac{4}{6}\right)^3=\frac{61}{216}$

$P(X=6)=\left(\frac{6}{6}\right)^3-\left(\frac{5}{6}\right)^3=\frac{91}{216}$

であるから，$X$ の確率分布は次の表のようになる。

| $X$ | 1 | 2 | 3 | 4 | 5 | 6 | 計 |
|---|---|---|---|---|---|---|---|
| $P$ | $\frac{1}{216}$ | $\frac{7}{216}$ | $\frac{19}{216}$ | $\frac{37}{216}$ | $\frac{61}{216}$ | $\frac{91}{216}$ | 1 |

よって

$P(3\leqq X\leqq 5)=\frac{19}{216}+\frac{37}{216}+\frac{61}{216}=\frac{117}{216}=\boldsymbol{\frac{13}{24}}$

### 15 確率変数の期待値

p.34

**46A** $X$ のとり得る値は 0，1，2，3，4，5 である。

$P(X=0)=\frac{{}_5C_0}{2^5}=\frac{1}{32}$，$P(X=1)=\frac{{}_5C_1}{2^5}=\frac{5}{32}$，

$P(X=2)=\frac{{}_5C_2}{2^5}=\frac{10}{32}$，$P(X=3)=\frac{{}_5C_3}{2^5}=\frac{10}{32}$，

$P(X=4)=\frac{{}_5C_4}{2^5}=\frac{5}{32}$，$P(X=5)=\frac{{}_5C_5}{2^5}=\frac{1}{32}$

であるから，$X$ の確率分布は次の表のようになる。

| $X$ | 0 | 1 | 2 | 3 | 4 | 5 | 計 |
|---|---|---|---|---|---|---|---|
| $P$ | $\frac{1}{32}$ | $\frac{5}{32}$ | $\frac{10}{32}$ | $\frac{10}{32}$ | $\frac{5}{32}$ | $\frac{1}{32}$ | 1 |

よって，$X$ の期待値 $E(X)$ は

$$E(X)=0\cdot\frac{1}{32}+1\cdot\frac{5}{32}+2\cdot\frac{10}{32}+3\cdot\frac{10}{32}+4\cdot\frac{5}{32}+5\cdot\frac{1}{32}=\boldsymbol{\frac{5}{2}}$$

**46B** $X$ のとり得る値は 0，1，2 である。

$P(X=0)=\frac{{}_2C_2}{{}_5C_2}=\frac{1}{10}$

$P(X=1)=\frac{{}_3C_1\times{}_2C_1}{{}_5C_2}=\frac{6}{10}$

$P(X=2)=\frac{{}_3C_2}{{}_5C_2}=\frac{3}{10}$

であるから，$X$ の確率分布は次の表のようになる。

| $X$ | 0 | 1 | 2 | 計 |
|---|---|---|---|---|
| $P$ | $\frac{1}{10}$ | $\frac{6}{10}$ | $\frac{3}{10}$ | 1 |

よって，$X$ の期待値 $E(X)$ は

$E(X)=0\cdot\frac{1}{10}+1\cdot\frac{6}{10}+2\cdot\frac{3}{10}=\boldsymbol{\frac{6}{5}}$

**47A** 得点を $X$（点）とすると，$X$ のとり得る値は 25，5，0 である。

$P(X=25)=\frac{{}_4C_2}{{}_7C_2}=\frac{6}{21}$

$P(X=5)=\frac{{}_4C_1\times{}_3C_1}{{}_7C_2}=\frac{12}{21}$

$P(X=0)=\frac{{}_3C_2}{{}_7C_2}=\frac{3}{21}$

であるから，$X$ の確率分布は次の表のようになる。

| $X$ | 25 | 5 | 0 | 計 |
|---|---|---|---|---|
| $P$ | $\frac{6}{21}$ | $\frac{12}{21}$ | $\frac{3}{21}$ | 1 |

よって，$X$ の期待値 $E(X)$ は

$$E(X)=25\cdot\frac{6}{21}+5\cdot\frac{12}{21}+0\cdot\frac{3}{21}=10$$

すなわち，得点の期待値は**10点**である。

**47B** 得点を $X$（点）とすると，$X$ のとり得る値は 2，3，4，5 である。
5 枚のカードから同時に 2 枚のカードを取り出す場合の数は ${}_5C_2=10$（通り）であり，
$X=k$ $(k=2,\ 3,\ 4,\ 5)$ となるのは $k-1$（通り）である。

$$P(X=2)=\frac{1}{10},\ P(X=3)=\frac{2}{10},$$
$$P(X=4)=\frac{3}{10},\ P(X=5)=\frac{4}{10}$$

であるから，$X$ の確率分布は次の表のようになる。

| $X$ | 2 | 3 | 4 | 5 | 計 |
|---|---|---|---|---|---|
| $P$ | $\frac{1}{10}$ | $\frac{2}{10}$ | $\frac{3}{10}$ | $\frac{4}{10}$ | 1 |

よって，$X$ の期待値 $E(X)$ は

$$E(X)=2\cdot\frac{1}{10}+3\cdot\frac{2}{10}+4\cdot\frac{3}{10}+5\cdot\frac{4}{10}=4$$

すなわち，得点の期待値は**4点**である。

## 16 $aX+b$ の期待値

p.36

**48A** (1) $E(X)$

$$=1\cdot\frac{1}{6}+2\cdot\frac{1}{6}+3\cdot\frac{1}{6}+4\cdot\frac{1}{6}+5\cdot\frac{1}{6}+6\cdot\frac{1}{6}$$
$$=\boldsymbol{\frac{7}{2}}$$

(2) (1)より

$$E(5X+3)=5E(X)+3$$
$$=5\cdot\frac{7}{2}+3=\boldsymbol{\frac{41}{2}}$$

(3) $E(X^2)$

$$=1^2\cdot\frac{1}{6}+2^2\cdot\frac{1}{6}+3^2\cdot\frac{1}{6}+4^2\cdot\frac{1}{6}+5^2\cdot\frac{1}{6}+6^2\cdot\frac{1}{6}$$
$$=\boldsymbol{\frac{91}{6}}$$

**48B** (1) $X$ のとり得る値は 1，2，3 である。

$$P(X=1)=\frac{{}_3C_1\times{}_2C_2}{{}_5C_3}=\frac{3}{10}$$
$$P(X=2)=\frac{{}_3C_2\times{}_2C_1}{{}_5C_3}=\frac{6}{10}$$
$$P(X=3)=\frac{{}_3C_3}{{}_5C_3}=\frac{1}{10}$$

であるから，$X$ の確率分布は次の表のようになる。

| $X$ | 1 | 2 | 3 | 計 |
|---|---|---|---|---|
| $P$ | $\frac{3}{10}$ | $\frac{6}{10}$ | $\frac{1}{10}$ | 1 |

$$E(X)=1\cdot\frac{3}{10}+2\cdot\frac{6}{10}+3\cdot\frac{1}{10}$$
$$=\boldsymbol{\frac{9}{5}}$$

(2) (1)より

$$E(3X-2)=3E(X)-2$$
$$=3\cdot\frac{9}{5}-2$$
$$=\boldsymbol{\frac{17}{5}}$$

(3) $E(X^2)=1^2\cdot\frac{3}{10}+2^2\cdot\frac{6}{10}+3^2\cdot\frac{1}{10}$

$$=\boldsymbol{\frac{18}{5}}$$

## 17 確率変数の分散と標準偏差

p.37

**49A** $X$ の確率分布は次の表のようになる。

| $X$ | 1 | 2 | 3 | 4 | 計 |
|---|---|---|---|---|---|
| $P$ | $\frac{4}{10}$ | $\frac{3}{10}$ | $\frac{2}{10}$ | $\frac{1}{10}$ | 1 |

よって

$$E(X)=1\cdot\frac{4}{10}+2\cdot\frac{3}{10}+3\cdot\frac{2}{10}+4\cdot\frac{1}{10}$$
$$=\mathbf{2}$$
$$V(X)=(1-2)^2\cdot\frac{4}{10}+(2-2)^2\cdot\frac{3}{10}$$
$$+(3-2)^2\cdot\frac{2}{10}+(4-2)^2\cdot\frac{1}{10}$$
$$=\mathbf{1}$$
$$\sigma(X)=\sqrt{V(X)}=\mathbf{1}$$

**49B** $X$ のとり得る値は 0，1，2，3，4 である。

$$P(X=0)=\frac{{}_4C_0}{2^4}=\frac{1}{16}$$
$$P(X=1)=\frac{{}_4C_1}{2^4}=\frac{4}{16}$$
$$P(X=2)=\frac{{}_4C_2}{2^4}=\frac{6}{16}$$
$$P(X=3)=\frac{{}_4C_3}{2^4}=\frac{4}{16}$$
$$P(X=4)=\frac{{}_4C_4}{2^4}=\frac{1}{16}$$

であるから，$X$ の確率分布は次の表のようになる。

| $X$ | 0 | 1 | 2 | 3 | 4 | 計 |
|---|---|---|---|---|---|---|
| $P$ | $\frac{1}{16}$ | $\frac{4}{16}$ | $\frac{6}{16}$ | $\frac{4}{16}$ | $\frac{1}{16}$ | 1 |

よって

$$E(X)=0\cdot\frac{1}{16}+1\cdot\frac{4}{16}+2\cdot\frac{6}{16}+3\cdot\frac{4}{16}+4\cdot\frac{1}{16}$$
$$=\mathbf{2}$$
$$V(X)=(0-2)^2\cdot\frac{1}{16}+(1-2)^2\cdot\frac{4}{16}+(2-2)^2\cdot\frac{6}{16}$$
$$+(3-2)^2\cdot\frac{4}{16}+(4-2)^2\cdot\frac{1}{16}=\mathbf{1}$$
$$\sigma(X)=\sqrt{V(X)}=\mathbf{1}$$

**50A** $X$ のとり得る値は 0, 1, 2 である。

$$P(X=0)=\frac{{}_4C_2}{{}_7C_2}=\frac{6}{21}$$

$$P(X=1)=\frac{{}_3C_1\times{}_4C_1}{{}_7C_2}=\frac{12}{21}$$

$$P(X=2)=\frac{{}_3C_2}{{}_7C_2}=\frac{3}{21}$$

であるから，$X$ の確率分布は次の表のようになる。

| $X$ | 0 | 1 | 2 | 計 |
|---|---|---|---|---|
| $P$ | $\frac{6}{21}$ | $\frac{12}{21}$ | $\frac{3}{21}$ | 1 |

ゆえに

$$E(X)=0\cdot\frac{6}{21}+1\cdot\frac{12}{21}+2\cdot\frac{3}{21}=\frac{6}{7}$$

$$E(X^2)=0^2\cdot\frac{6}{21}+1^2\cdot\frac{12}{21}+2^2\cdot\frac{3}{21}=\frac{8}{7}$$

したがって

$$V(X)=E(X^2)-\{E(X)\}^2=\frac{8}{7}-\left(\frac{6}{7}\right)^2=\frac{20}{49}$$

$$\sigma(X)=\sqrt{V(X)}=\sqrt{\frac{20}{49}}=\mathbf{\frac{2\sqrt{5}}{7}}$$

**50B** $X$ のとり得る値は 1, 2, 3, 4 である。

5 枚のカードから同時に 2 枚のカードを取り出す場合の数は ${}_5C_2=10$（通り）であり，$X=k$ $(k=1,\ 2,\ 3,\ 4)$ となるのは $5-k$（通り）である。

$$P(X=1)=\frac{4}{10},\ P(X=2)=\frac{3}{10},$$

$$P(X=3)=\frac{2}{10},\ P(X=4)=\frac{1}{10}$$

であるから，$X$ の確率分布は次の表のようになる。

| $X$ | 1 | 2 | 3 | 4 | 計 |
|---|---|---|---|---|---|
| $P$ | $\frac{4}{10}$ | $\frac{3}{10}$ | $\frac{2}{10}$ | $\frac{1}{10}$ | 1 |

ゆえに

$$E(X)=1\cdot\frac{4}{10}+2\cdot\frac{3}{10}+3\cdot\frac{2}{10}+4\cdot\frac{1}{10}=2$$

$$E(X^2)=1^2\cdot\frac{4}{10}+2^2\cdot\frac{3}{10}+3^2\cdot\frac{2}{10}+4^2\cdot\frac{1}{10}=5$$

したがって

$$V(X)=E(X^2)-\{E(X)\}^2=5-2^2=1$$

$$\sigma(X)=\sqrt{V(X)}=\mathbf{1}$$

**51A**

$$E(3X+1)=3E(X)+1=3\cdot4+1=\mathbf{13}$$

$$V(3X+1)=3^2V(X)=9\cdot2=\mathbf{18}$$

$$\sigma(3X+1)=|3|\sigma(X)=3\cdot\sqrt{2}=\mathbf{3\sqrt{2}}$$

**51B**

$$E(-6X+5)=-6E(X)+5=-6\cdot5+5=\mathbf{-25}$$

$$V(-6X+5)=(-6)^2V(X)=36\cdot4=\mathbf{144}$$

$$\sigma(-6X+5)=|-6|\sigma(X)=6\cdot2=\mathbf{12}$$

**52** 表の出る枚数を $X$ とすると，$X$ の確率分布は次の表のようになる。

| $X$ | 0 | 1 | 2 | 3 | 計 |
|---|---|---|---|---|---|
| $P$ | $\frac{1}{8}$ | $\frac{3}{8}$ | $\frac{3}{8}$ | $\frac{1}{8}$ | 1 |

ゆえに

$$E(X)=0\cdot\frac{1}{8}+1\cdot\frac{3}{8}+2\cdot\frac{3}{8}+3\cdot\frac{1}{8}=\frac{3}{2}$$

$$E(X^2)=0^2\cdot\frac{1}{8}+1^2\cdot\frac{3}{8}+2^2\cdot\frac{3}{8}+3^2\cdot\frac{1}{8}=3$$

$X$ の分散と標準偏差は

$$V(X)=E(X^2)-\{E(X)\}^2=3-\left(\frac{3}{2}\right)^2=\frac{3}{4}$$

$$\sigma(X)=\sqrt{V(X)}=\sqrt{\frac{3}{4}}=\frac{\sqrt{3}}{2}$$

よって，得られる金額 $100X-30$ の期待値と標準偏差は

$$E(100X-30)=100E(X)-30=100\cdot\frac{3}{2}-30=120$$

$$\sigma(100X-30)=|100|\sigma(X)=100\cdot\frac{\sqrt{3}}{2}=50\sqrt{3}$$

したがって，得られる金額の**期待値は 120 円，標準偏差は $50\sqrt{3}$ 円**

## 18 確率変数の和と積

p.40

**53A** 4 個のさいころそれぞれの出る目の数を $X_1$, $X_2$, $X_3$, $X_4$ とする。

このとき，

$$E(X_1)=E(X_2)=E(X_3)=E(X_4)=\frac{7}{2}$$

であるから，出る目の和 $X_1+X_2+X_3+X_4$ の期待値は

$$E(X_1+X_2+X_3+X_4)$$
$$=E(X_1)+E(X_2)+E(X_3)+E(X_4)$$
$$=\frac{7}{2}+\frac{7}{2}+\frac{7}{2}+\frac{7}{2}=\mathbf{14}$$

**53B** 7 枚の硬貨それぞれの表の出る枚数を $X_1$, $X_2$, $X_3$, ……, $X_7$ とする。

このとき，

$$E(X_1)=E(X_2)=E(X_3)=E(X_4)=E(X_5)=E(X_6)=E(X_7)=\frac{1}{2}$$

であるから，$X_1+X_2+X_3+X_4+X_5+X_6+X_7$ の期待値は

$$E(X_1+X_2+X_3+X_4+X_5+X_6+X_7)$$
$$=E(X_1)+E(X_2)+E(X_3)+E(X_4)+E(X_5)+E(X_6)+E(X_7)$$
$$=\frac{1}{2}+\frac{1}{2}+\frac{1}{2}+\frac{1}{2}+\frac{1}{2}+\frac{1}{2}+\frac{1}{2}=\mathbf{\frac{7}{2}}\ \textbf{（枚）}$$

**54** $X$, $Y$ の確率分布は次の表のようになる。

| $X$ | 0 | 2 | 計 |
|---|---|---|---|
| $P$ | $\frac{1}{2}$ | $\frac{1}{2}$ | 1 |

| $Y$ | 0 | 3 | 計 |
|---|---|---|---|
| $P$ | $\frac{2}{3}$ | $\frac{1}{3}$ | 1 |

$X=0$ かつ $Y=0$ となるのは，さいころの目が 1 と 5 のときであるから，$P(X=0,\ Y=0)=\frac{1}{3}$

$P(X=0)=\frac{1}{2}$，$P(Y=0)=\frac{2}{3}$ より

$P(X=0,\ Y=0)=P(X=0)\cdot P(Y=0)$

が成り立つ。

$X=0$ かつ $Y=3$ となるのは，さいころの目が 3 のときであるから，$P(X=0,\ Y=3)=\frac{1}{6}$

$P(X=0)=\frac{1}{2}$，$P(Y=3)=\frac{1}{3}$ より

$P(X=0,\ Y=3)=P(X=0)\cdot P(Y=3)$

が成り立つ。

$X=2$ かつ $Y=0$ となるのは，さいころの目が 2 と 4 のときであるから，$P(X=2,\ Y=0)=\frac{1}{3}$

$P(X=2)=\frac{1}{2}$，$P(Y=0)=\frac{2}{3}$ より

$P(X=2,\ Y=0)=P(X=2)\cdot P(Y=0)$

が成り立つ。

$X=2$ かつ $Y=3$ となるのは，さいころの目が 6 のときであるから，$P(X=2,\ Y=3)=\frac{1}{6}$

$P(X=2)=\frac{1}{2}$，$P(Y=3)=\frac{1}{3}$ より

$P(X=2,\ Y=3)=P(X=2)\cdot P(Y=3)$

が成り立つ。

よって，$X$ のとり得る値 $a$ と $Y$ のとり得る値 $b$ のどのような組に対しても

$P(X=a,\ Y=b)=P(X=a)\cdot P(Y=b)$

が成り立つから，**$X$，$Y$ は互いに独立である。**

**55A** (1) 求める期待値は

$\frac{1}{2}+\frac{1}{2}+\frac{1}{2}=\mathbf{\frac{3}{2}}$ **(枚)**

それぞれは互いに独立であるから，求める分散は

$\frac{1}{4}+\frac{1}{4}+\frac{1}{4}=\mathbf{\frac{3}{4}}$

(2) (1)より，$E(X)=E(Y)=\frac{3}{2}$ であり，$X$，$Y$ は互いに独立であるから

$E(XY)=E(X)\cdot E(Y)$

$=\frac{3}{2}\times\frac{3}{2}=\mathbf{\frac{9}{4}}$

**55B** (1) 求める期待値は

$\frac{1}{2}+\frac{1}{2}+\frac{1}{2}+\frac{1}{2}=\mathbf{2}$ **(枚)**

それぞれは互いに独立であるから，求める分散は

$\frac{1}{4}+\frac{1}{4}+\frac{1}{4}+\frac{1}{4}=\mathbf{1}$

(2) (1)より，$E(X)=E(Y)=2$ であり，$X$，$Y$ は互いに独立であるから

$E(XY)=E(X)\cdot E(Y)$

$=2\times2=\mathbf{4}$

## 2節 二項分布と正規分布

### 19 二項分布

p.43

**56A** $X$ の従う二項分布を $B(n,\ p)$ とする。

5 回投げる反復試行であるから　$n=5$

1 回投げるとき，5 以上の目が出る確率は $\frac{1}{3}$ であるから　$p=\frac{1}{3}$

すなわち，$X$ は**二項分布 $B\left(5,\ \frac{1}{3}\right)$ に従う。**

**56B** $X$ の従う二項分布を $B(n,\ p)$ とする。

9 回投げる反復試行であるから　$n=9$

1 回投げるとき，2 個とも 1 の目が出る確率は $\frac{1}{36}$ であるから　$p=\frac{1}{36}$

すなわち，$X$ は**二項分布 $B\left(9,\ \frac{1}{36}\right)$ に従う。**

**57A** 硬貨を 1 回投げるとき，表の出る確率は $\frac{1}{2}$ であるから，$X$ は二項分布 $B\left(6,\ \frac{1}{2}\right)$ に従う。

よって

$P(X=r)={}_6C_r\left(\frac{1}{2}\right)^r\left(1-\frac{1}{2}\right)^{6-r}={}_6C_r\left(\frac{1}{2}\right)^6$

$(r=0,\ 1,\ 2,\ 3,\ 4,\ 5,\ 6)$

より

$P(2\leqq X\leqq3)=P(X=2)+P(X=3)$

$={}_6C_2\left(\frac{1}{2}\right)^6+{}_6C_3\left(\frac{1}{2}\right)^6$

$=\frac{15}{64}+\frac{20}{64}=\mathbf{\frac{35}{64}}$

**57B** さいころを 1 回投げるとき，3 以上の目が出る確率は $\frac{2}{3}$ であるから，$X$ は二項分布 $B\left(4,\ \frac{2}{3}\right)$ に従う。

よって

$P(X=r)={}_4C_r\left(\frac{2}{3}\right)^r\left(1-\frac{2}{3}\right)^{4-r}={}_4C_r\left(\frac{2}{3}\right)^r\left(\frac{1}{3}\right)^{4-r}$

$(r=0,\ 1,\ 2,\ 3,\ 4)$

より

$P(X\leqq1)=P(X=0)+P(X=1)$

$={}_4C_0\left(\frac{2}{3}\right)^0\left(\frac{1}{3}\right)^4+{}_4C_1\left(\frac{2}{3}\right)^1\left(\frac{1}{3}\right)^3$

$=\frac{1}{81}+\frac{8}{81}=\mathbf{\frac{1}{9}}$

**58A** さいころを 1 回投げて，2 以下の目の出る確率は $\frac{1}{3}$ である。

よって，$X$ は二項分布 $B\left(300,\ \frac{1}{3}\right)$ に従うから

$E(X)=300\times\frac{1}{3}=\mathbf{100}$

$V(X)=300\times\frac{1}{3}\times\left(1-\frac{1}{3}\right)=\mathbf{\frac{200}{3}}$

$\sigma(X)=\sqrt{\frac{200}{3}}=\mathbf{\frac{10\sqrt{6}}{3}}$

**58B** 2枚の硬貨を1回投げて，2枚とも裏になる確率は $\frac{1}{4}$ である。

よって，$X$ は二項分布 $B\left(150,\ \frac{1}{4}\right)$ に従うから

$E(X)=150\times\frac{1}{4}=\mathbf{\frac{75}{2}}$

$V(X)=150\times\frac{1}{4}\times\left(1-\frac{1}{4}\right)=\mathbf{\frac{225}{8}}$

$\sigma(X)=\sqrt{\frac{225}{8}}=\mathbf{\frac{15\sqrt{2}}{4}}$

**59A** 2個のさいころを1回投げて，目の和が4以下になる確率は $\frac{1}{6}$ である。

よって，$X$ は二項分布 $B\left(500,\ \frac{1}{6}\right)$ に従うから

$E(X)=500\times\frac{1}{6}=\mathbf{\frac{250}{3}}$

$V(X)=500\times\frac{1}{6}\times\left(1-\frac{1}{6}\right)=\mathbf{\frac{625}{9}}$

$\sigma(X)=\sqrt{\frac{625}{9}}=\mathbf{\frac{25}{3}}$

**59B** 4枚の硬貨を1回投げて，4枚とも表または4枚とも裏になる確率は $\frac{1}{8}$ である。

よって，$X$ は二項分布 $B\left(200,\ \frac{1}{8}\right)$ に従うから

$E(X)=200\times\frac{1}{8}=\mathbf{25}$

$V(X)=200\times\frac{1}{8}\times\left(1-\frac{1}{8}\right)=\mathbf{\frac{175}{8}}$

$\sigma(X)=\sqrt{\frac{175}{8}}=\mathbf{\frac{5\sqrt{14}}{4}}$

**60A** この製品を100個製造するとき，不良品が含まれる確率は0.02であるから，$X$ は二項分布 $B(100,\ 0.02)$ に従う。

よって，$X$ の期待値，分散，標準偏差は

$E(X)=100\times0.02=\mathbf{2}$

$V(X)=100\times0.02\times(1-0.02)=\mathbf{1.96}$

$\sigma(X)=\sqrt{1.96}=\mathbf{1.4}$

**60B** この菓子を100個買うとき，当たる確率は0.36であるから，$X$ は二項分布 $B(100,\ 0.36)$ に従う。

よって，$X$ の期待値，分散，標準偏差は

$E(X)=100\times0.36=\mathbf{36}$

$V(X)=100\times0.36\times(1-0.36)=\mathbf{23.04}$

$\sigma(X)=\sqrt{23.04}=\mathbf{4.8}$

**61A** この種を300個まいたとき，発芽する確率は $\frac{3}{4}$ であるから，$X$ は二項分布 $B\left(300,\ \frac{3}{4}\right)$ に従う。

よって，$X$ の期待値，分散，標準偏差は

$E(X)=300\times\frac{3}{4}=\mathbf{225}$

$V(X)=300\times\frac{3}{4}\times\left(1-\frac{3}{4}\right)=\mathbf{\frac{225}{4}}$

$\sigma(X)=\sqrt{\frac{225}{4}}=\mathbf{\frac{15}{2}}$

**61B** この菓子を150個買うとき，当たる確率は $\frac{1}{25}$ であるから，$X$ は二項分布 $B\left(150,\ \frac{1}{25}\right)$ に従う。

よって，$X$ の期待値，分散，標準偏差は

$E(X)=150\times\frac{1}{25}=\mathbf{6}$

$V(X)=150\times\frac{1}{25}\times\left(1-\frac{1}{25}\right)=\mathbf{\frac{144}{25}}$

$\sigma(X)=\sqrt{\frac{144}{25}}=\mathbf{\frac{12}{5}}$

## 20 正規分布

p.46

**62A** $P(0\leqq X\leqq3)=\int_0^3\frac{1}{8}x\,dx=\mathbf{\frac{9}{16}}$

**62B** $P(1\leqq X\leqq2)=\int_1^2\left(-\frac{1}{2}x+1\right)dx=\mathbf{\frac{1}{4}}$

**63A** (1) $P(0\leqq Z\leqq1.4)=\mathbf{0.4192}$

(2) $P(-0.6\leqq Z\leqq2.3)$
$=P(-0.6\leqq Z\leqq0)+P(0\leqq Z\leqq2.3)$
$=P(0\leqq Z\leqq0.6)+P(0\leqq Z\leqq2.3)$
$=0.2257+0.4893=\mathbf{0.7150}$

(3) $P(0.8\leqq Z\leqq2.6)$
$=P(0\leqq Z\leqq2.6)-P(0\leqq Z\leqq0.8)$
$=0.4953-0.2881=\mathbf{0.2072}$

(4) $P(1\leqq Z)$
$=P(0\leqq Z)-P(0\leqq Z\leqq1)$
$=0.5-0.3413=\mathbf{0.1587}$

**63B** (1) $P(-2.1\leqq Z\leqq0)$
$=P(0\leqq Z\leqq2.1)=\mathbf{0.4821}$

(2) $P(-1.5\leqq Z\leqq2.7)$
$=P(-1.5\leqq Z\leqq0)+P(0\leqq Z\leqq2.7)$
$=P(0\leqq Z\leqq1.5)+P(0\leqq Z\leqq2.7)$
$=0.4332+0.4965=\mathbf{0.9297}$

(3) $P(-1.2\leqq Z\leqq-0.5)$
$=P(0.5\leqq Z\leqq1.2)$
$=P(0\leqq Z\leqq1.2)-P(0\leqq Z\leqq0.5)$
$=0.3849-0.1915=\mathbf{0.1934}$

(4) $P(Z\leqq-2)$
$=P(2\leqq Z)$
$=P(0\leqq Z)-P(0\leqq Z\leqq2)$
$=0.5-0.4772=\mathbf{0.0228}$

**64A** $Z=\frac{X-50}{10}$ とおくと，$Z$ は標準正規分布 $N(0,\ 1)$ に従う。

(1) $X=45$ のとき　$Z=\frac{45-50}{10}=-0.5$

$X=55$ のとき $Z=\frac{55-50}{10}=0.5$ であるから

$P(45\leqq X\leqq 55)$
$=P(-0.5\leqq Z\leqq 0.5)$
$=P(-0.5\leqq Z\leqq 0)+P(0\leqq Z\leqq 0.5)$
$=P(0\leqq Z\leqq 0.5)+P(0\leqq Z\leqq 0.5)$
$=2P(0\leqq Z\leqq 0.5)$
$=2\times 0.1915=\mathbf{0.3830}$

(2) $X=70$ のとき $Z=\frac{70-50}{10}=2$ であるから

$P(70\leqq X)=P(2\leqq Z)$
$=P(0\leqq Z)-P(0\leqq Z\leqq 2)$
$=0.5-0.4772=\mathbf{0.0228}$

(3) $X=56$ のとき $Z=\frac{56-50}{10}=0.6$ であるから

$P(X\leqq 56)=P(Z\leqq 0.6)$
$=P(Z\leqq 0)+P(0\leqq Z\leqq 0.6)$
$=0.5+0.2257=\mathbf{0.7257}$

**64B** $Z=\frac{X-55}{20}$ とおくと，$Z$ は標準正規分布 $N(0,\ 1)$ に従う。

(1) $X=45$ のとき $Z=\frac{45-55}{20}=-0.5$

$X=55$ のとき $Z=\frac{55-55}{20}=0$ であるから

$P(45\leqq X\leqq 55)=P(-0.5\leqq Z\leqq 0)$
$=P(0\leqq Z\leqq 0.5)=\mathbf{0.1915}$

(2) $X=45$ のとき $Z=\frac{45-55}{20}=-0.5$ であるから

$P(X\leqq 45)=P(Z\leqq -0.5)$
$=P(0.5\leqq Z)$
$=P(0\leqq Z)-P(0\leqq Z\leqq 0.5)$
$=0.5-0.1915=\mathbf{0.3085}$

(3) $X=47$ のとき $Z=\frac{47-55}{20}=-0.4$

$X=51$ のとき $Z=\frac{51-55}{20}=-0.2$ であるから

$P(47\leqq X\leqq 51)$
$=P(-0.4\leqq Z\leqq -0.2)$
$=P(0.2\leqq Z\leqq 0.4)$
$=P(0\leqq Z\leqq 0.4)-P(0\leqq Z\leqq 0.2)$
$=0.1554-0.0793=\mathbf{0.0761}$

**65A** 得点を $X$ 点とすると，$X$ は正規分布 $N(50,\ 10^2)$ に従う。

$Z=\frac{X-50}{10}$ とおくと，$Z$ は標準正規分布 $N(0,\ 1)$ に従う。

$X=70$ のとき $Z=\frac{70-50}{10}=2$ であるから

$P(70\leqq X)=P(2\leqq Z)$
$=P(0\leqq Z)-P(0\leqq Z\leqq 2)$
$=0.5-0.4772=0.0228$

よって，得点が70点以上の人は **2.28%** いる。

**65B** 1缶の重さを $X$ g とすると，$X$ は正規分布 $N(203,\ 1^2)$ に従う。

$Z=\frac{X-203}{1}$ すなわち $Z=X-203$ とおくと，$Z$ は標準正規分布 $N(0,\ 1)$ に従う。

$X=200$ のとき $Z=200-203=-3$ であるから

$P(X\leqq 200)=P(Z\leqq -3)$
$=P(3\leqq Z)$
$=P(0\leqq Z)-P(0\leqq Z\leqq 3)$
$=0.5-0.4987$
$=\mathbf{0.0013}$

**66A** 表が出る回数を $X$ とすると，$X$ は二項分布 $B\left(1600,\ \frac{1}{2}\right)$ に従う。$X$ の期待値 $m$ と標準偏差 $\sigma$ は

$m=1600\times\frac{1}{2}=800$

$\sigma=\sqrt{1600\times\frac{1}{2}\times\left(1-\frac{1}{2}\right)}=\sqrt{400}=20$

よって，$Z=\frac{X-800}{20}$ とおくと，$Z$ は近似的に標準正規分布 $N(0,\ 1)$ に従う。

$X=780$ のとき $Z=\frac{780-800}{20}=-1$

$X=840$ のとき $Z=\frac{840-800}{20}=2$

したがって

$P(780\leqq X\leqq 840)=P(-1\leqq Z\leqq 2)$
$=P(0\leqq Z\leqq 1)+P(0\leqq Z\leqq 2)$
$=0.3413+0.4772$
$=\mathbf{0.8185}$

**66B** 目の数の和が4以下になる回数を $X$ とすると，$X$ は二項分布 $B\left(180,\ \frac{1}{6}\right)$ に従う。$X$ の期待値 $m$ と標準偏差 $\sigma$ は

$m=180\times\frac{1}{6}=30$

$\sigma=\sqrt{180\times\frac{1}{6}\times\left(1-\frac{1}{6}\right)}=\sqrt{25}=5$

よって，$Z=\frac{X-30}{5}$ とおくと，$Z$ は近似的に標準正規分布 $N(0,\ 1)$ に従う。

$X=23$ のとき $Z=\frac{23-30}{5}=-1.4$

したがって

$P(X\leqq 23)=P(Z\leqq -1.4)$
$=P(1.4\leqq Z)$
$=P(0\leqq Z)-P(0\leqq Z\leqq 1.4)$
$=0.5-0.4192$
$=\mathbf{0.0808}$

## 3節　統計的な推測

### 21 母集団と標本

p.51

**67** 復元抽出では

$9^2=\mathbf{81}$ **(通り)**

非復元抽出では

${}_9P_2=9\times8=\mathbf{72}$ **(通り)**

**68A** 母集団分布は次の表のようになる。

| $X$ | 1 | 2 | 3 | 計 |
|---|---|---|---|---|
| $P$ | $\frac{5}{10}$ | $\frac{4}{10}$ | $\frac{1}{10}$ | 1 |

よって

$$m=1\cdot\frac{5}{10}+2\cdot\frac{4}{10}+3\cdot\frac{1}{10}=\mathbf{\frac{8}{5}}$$

$$\sigma^2=\left(1^2\cdot\frac{5}{10}+2^2\cdot\frac{4}{10}+3^2\cdot\frac{1}{10}\right)-\left(\frac{8}{5}\right)^2=\mathbf{\frac{11}{25}}$$

$$\sigma=\sqrt{\frac{11}{25}}=\mathbf{\frac{\sqrt{11}}{5}}$$

**68B** 母集団分布は次の表のようになる。

| $X$ | $-1$ | 1 | 計 |
|---|---|---|---|
| $P$ | $\frac{5}{9}$ | $\frac{4}{9}$ | 1 |

よって

$$m=-1\cdot\frac{5}{9}+1\cdot\frac{4}{9}=\mathbf{-\frac{1}{9}}$$

$$\sigma^2=\left\{(-1)^2\cdot\frac{5}{9}+1^2\cdot\frac{4}{9}\right\}-\left(-\frac{1}{9}\right)^2=\mathbf{\frac{80}{81}}$$

$$\sigma=\sqrt{\frac{80}{81}}=\mathbf{\frac{4\sqrt{5}}{9}}$$

### 22 標本平均の分布

p.53

**69A** 母集団分布は次の表のようになる。

| $X$ | 1 | 2 | 3 | 4 | 計 |
|---|---|---|---|---|---|
| $P$ | $\frac{1}{10}$ | $\frac{2}{10}$ | $\frac{3}{10}$ | $\frac{4}{10}$ | 1 |

ゆえに，母平均 $m$ と母標準偏差 $\sigma$ は

$$m=1\cdot\frac{1}{10}+2\cdot\frac{2}{10}+3\cdot\frac{3}{10}+4\cdot\frac{4}{10}=3$$

$$\sigma=\sqrt{\left(1^2\cdot\frac{1}{10}+2^2\cdot\frac{2}{10}+3^2\cdot\frac{3}{10}+4^2\cdot\frac{4}{10}\right)-3^2}=1$$

よって

$$E(\overline{X})=m=\mathbf{3},\ \ \sigma(\overline{X})=\frac{\sigma}{\sqrt{2}}=\frac{1}{\sqrt{2}}=\mathbf{\frac{\sqrt{2}}{2}}$$

**69B** 母集団分布は次の表のようになる。

| $X$ | 1 | 2 | 3 | 計 |
|---|---|---|---|---|
| $P$ | $\frac{1}{5}$ | $\frac{2}{5}$ | $\frac{2}{5}$ | 1 |

ゆえに，母平均 $m$ と母標準偏差 $\sigma$ は

$$m=1\cdot\frac{1}{5}+2\cdot\frac{2}{5}+3\cdot\frac{2}{5}=\frac{11}{5}$$

$$\sigma=\sqrt{\left(1^2\cdot\frac{1}{5}+2^2\cdot\frac{2}{5}+3^2\cdot\frac{2}{5}\right)-\left(\frac{11}{5}\right)^2}=\frac{\sqrt{14}}{5}$$

よって

$$E(\overline{X})=m=\mathbf{\frac{11}{5}},\ \ \sigma(\overline{X})=\frac{\sigma}{\sqrt{2}}=\frac{\sqrt{14}}{5\sqrt{2}}=\mathbf{\frac{\sqrt{7}}{5}}$$

**70A** 得点の標本平均を $\overline{X}$ とすると，$\overline{X}$ は正規分布

$N\left(50,\ \frac{20^2}{100}\right)$

すなわち，正規分布 $N(50,\ 2^2)$ に従うとみなせる。

よって　$Z=\frac{\overline{X}-50}{2}$ とおくと，$Z$ は標準正規分布

$N(0,\ 1)$ に従う。

$\overline{X}=46$ のとき　$Z=-2$

$\overline{X}=54$ のとき　$Z=2$ であるから

$$\begin{aligned}P(46\leqq\overline{X}\leqq54)&=P(-2\leqq Z\leqq2)\\&=2P(0\leqq Z\leqq2)\\&=2\times0.4772\\&=\mathbf{0.9544}\end{aligned}$$

**70B** 得点の標本平均を $\overline{X}$ とすると，$\overline{X}$ は正規分布

$N\left(50,\ \frac{10^2}{25}\right)$

すなわち，正規分布 $N(50,\ 2^2)$ に従うとみなせる。

よって　$Z=\frac{\overline{X}-50}{2}$ とおくと，$Z$ は標準正規分布

$N(0,\ 1)$ に従う。

$\overline{X}=48$ のとき　$Z=-1$ であるから

$$\begin{aligned}P(\overline{X}\leqq48)&=P(Z\leqq-1)\\&=P(1\leqq Z)\\&=P(0\leqq Z)-P(0\leqq Z\leqq1)\\&=0.5-0.3413\\&=\mathbf{0.1587}\end{aligned}$$

### 23 推定

p.55

**71** $1.96\times\frac{6.0}{\sqrt{144}}=0.98$ であるから，

信頼度 95％ の信頼区間は

$38-0.98\leqq m\leqq38+0.98$ より

$\mathbf{37.02\leqq m\leqq38.98}$

**72** 母標準偏差 $\sigma$ のかわりに標本の標準偏差 5 を用いる。標本の大きさ $n=100$ であるから

$$1.96\times\frac{5}{\sqrt{100}}=0.98$$

標本平均 $\overline{X}=51.0$ より，母平均 $m$ に対する信頼度 95％ の信頼区間は

$51.0-0.98\leqq m\leqq51.0+0.98$

$50.02\leqq m\leqq51.98$

すなわち　$50.0\leqq m\leqq52.0$

よって，A 社の石けんの重さの平均値は，信頼度 95％ で **50.0 g 以上 52.0 g 以下**と推定される。

**73A** 標本の大きさ $n=300$

標本比率 $\overline{p}=\frac{75}{300}=0.25$

であるから，$1.96\times\sqrt{\frac{0.25\times0.75}{300}}=0.049$

よって，母比率 $p$ の信頼度 95％ の信頼区間は

$0.25-0.049 \leqq p \leqq 0.25+0.049$
すなわち　$0.201 \leqq p \leqq 0.299$
したがって，このさいころの1の目が出る比率は，信頼度95％で**0.201以上0.299以下**と推定される。

**73B** 標本の大きさ　$n=350$
標本比率　$\overline{p}=\frac{252}{350}=0.72$
であるから，$1.96\times\sqrt{\frac{0.72\times0.28}{350}} \fallingdotseq 0.047$
よって，母比率 $p$ の信頼度95％の信頼区間は
$0.72-0.047 \leqq p \leqq 0.72+0.047$
すなわち　$0.673 \leqq p \leqq 0.767$
したがって，この政策に賛成する割合は，信頼度95％で**0.673以上0.767以下**と推定される。

## 24 仮説検定

p.57

**74** 帰無仮説は「10本のくじの中に，当たりは3本だけ入っている」であり，対立仮説は「10本のくじの中に，当たりは3本だけではない」である。
$P(X \geqq 6)=0.01000+0.00122+0.00007$
$=0.01129<0.05$
したがって，復元抽出で1本ずつ8回くじを引いて，6回以上当たりを引いたとき，帰無仮説は棄却され，対立仮説が正しいと判断できる。
すなわち，**10本のくじの中に，当たりは3本だけではないといえる。**

**75A** 帰無仮説を「A店の平均時間は，グループ全体の平均時間と比べて違いがない」とする。
帰無仮説が正しければ，A店の注文を受けてから商品を渡すまでの時間 $X$ 分は，正規分布 $N(5,\ 1^2)$ に従う。
このとき，標本平均 $\overline{X}$ は正規分布 $N\left(5,\ \frac{1^2}{16}\right)$ に従う。
よって，有意水準5％の棄却域は
$\overline{X} \leqq 5-1.96\times\frac{1}{\sqrt{16}}$，$5+1.96\times\frac{1}{\sqrt{16}} \leqq \overline{X}$
より　$\overline{X} \leqq 4.51$，$5.49 \leqq \overline{X}$
$\overline{X}=5.5$ は棄却域に入るから，帰無仮説は棄却される。
すなわち，**A店の平均時間は，グループ全体の平均時間と比べて違いがあるといえる。**

**75B** 帰無仮説を「このスポーツクラブの平均値は，全国と比べて違いがない」とする。
帰無仮説が正しければ，このスポーツクラブの男子の身長 $X$ cm は，正規分布 $N(170.9,\ 5.8^2)$ に従う。
このとき，標本平均 $\overline{X}$ は正規分布
$N\left(170.9,\ \frac{5.8^2}{25}\right)$ に従う。
よって，有意水準5％の棄却域は
$\overline{X} \leqq 170.9-1.96\times\frac{5.8}{\sqrt{25}}$，
$170.9+1.96\times\frac{5.8}{\sqrt{25}} \leqq \overline{X}$
より　$\overline{X} \leqq 168.6264$，　$173.1736 \leqq \overline{X}$
$\overline{X}=173.5$ は棄却域に入るから，帰無仮説は棄却される。
すなわち，**このスポーツクラブの平均値は，全国と比べて違いがあるといえる。**

**76** 帰無仮説を「この日の機械には異常がない」とする。
帰無仮説が正しければ，1つの製品が不良品となる確率は $\frac{1}{50}$ である。ここで，無作為抽出して調べた400個の製品中に含まれる不良品の個数を $X$ とすると，$X$ は二項分布 $B\left(400,\ \frac{1}{50}\right)$ に従う。
ゆえに，$X$ の期待値 $m$ と標準偏差 $\sigma$ は
$m=400\times\frac{1}{50}=8$，$\sigma=\sqrt{400\times\frac{1}{50}\times\frac{49}{50}}=2.8$
であるから，$X$ は近似的に正規分布 $N(8,\ 2.8^2)$ に従う。
よって，有意水準5％の棄却域は
$X \leqq 8-1.96\times2.8$，$8+1.96\times2.8 \leqq X$
より　$X \leqq 2.512$，$13.488 \leqq X$
$X=15$ は棄却域に入るから，帰無仮説は棄却される。
すなわち，**この日の機械には異常があるといえる。**

### 演習問題

**77** (1)　身長を $X$ cm とすると，$X$ は正規分布 $N(170,\ 5^2)$ に従う。
$Z=\frac{X-170}{5}$ とおくと，$Z$ は標準正規分布 $N(0,\ 1)$ に従う。
$X=179.8$ のとき，$Z=\frac{179.8-170}{5}=1.96$ であるから
$P(179.8 \leqq X)=P(1.96 \leqq Z)$
$=P(0 \leqq Z)-P(0 \leqq Z \leqq 1.96)$
$=0.5-0.4750=0.0250$
よって，身長が179.8 cm以上の生徒は，**およそ2.5％**いる。

(2)　この高校の2年生男子の人数を $n$ 人とすると
(1)より　$0.0250n=6$
であるから　$n=240$
よって，2年生男子は，**およそ240人**である。

**78** ある工場で生産される菓子の重さを $X$ g とすると，大きさ $n$ の標本を無作為抽出するときの母平均 $m$ に対する信頼度95％の信頼区間は
$\overline{X}-1.96\times\frac{9}{\sqrt{n}} \leqq m \leqq \overline{X}+1.96\times\frac{9}{\sqrt{n}}$
であるから，信頼区間の幅は

$2\times1.96\times\frac{9}{\sqrt{n}}$

よって　$2\times1.96\times\frac{9}{\sqrt{n}}\leqq4.2$ より

$\sqrt{n}\geqq\frac{2\times1.96\times9}{4.2}$

$\sqrt{n}\geqq8.4$

$n\geqq70.56$

**したがって，71 個以上調べればよい。**

24(02)